· 高等学校计算机基础教育教材精选 ·

大学计算机基础习题与实验指导

陈志泊　主编
徐秋红　副主编
徐秋红　韩慧　蔡娟　编著

清华大学出版社
北京

内 容 简 介

本书是《大学计算机基础》教材的配套教材,共分为 10 章,分别由习题和实验两部分组成。习题部分紧扣《大学计算机基础》教材的章节次序、讲授内容和知识点要求,精心设计了选择题 549 道、填空题 145 道,并在每章最后给出参考答案,有利于学生对知识点的学习、巩固和掌握,帮助学生检验学习效果。部分章节根据操作技能的要求设计了相应的实验操作题,共有 28 个实验,每个实验给出了实验的目的、内容和操作步骤等,重点培养学生的计算机应用能力和基本操作能力。

本书有助于学生通过习题、实验操作题巩固所学知识点和提高操作能力。

本书可以作为高等院校非计算机类专业学生学习大学计算机基础课程的辅助教材和实验教材,也可作为计算机爱好者提高计算机应用基础操作能力的参考书。

图书在版编目(CIP)数据

大学计算机基础习题与实验指导 / 陈志泊主编;徐秋红副主编;徐秋红,韩慧,蔡娟编著.—北京:清华大学出版社,2011.11
(高等学校计算机基础教育教材精选)
ISBN 978-7-302-27406-3

Ⅰ.①大…　Ⅱ.①陈…　②徐…　③徐…　④韩…　⑤蔡…　Ⅲ.①电子计算机－高等学校－教学参考材料　Ⅳ.①TP3

中国版本图书馆 CIP 数据核字(2011)第 232988 号

责任编辑:龙啟铭
责任校对:焦丽丽
责任印制:杨　艳

出版发行:清华大学出版社　　　　　　　　　　地　　　址:北京清华大学学研大厦 A 座
　　　　　http://www.tup.com.cn　　　　　　邮　　　编:100084
　　社　总　机:010-62770175　　　　　　　邮　　　购:010-62786544
　　投稿与读者服务:010-62795954,jsjjc@tup.tsinghua.edu.cn
　　质　量　反　馈:010-62772015,zhiliang@tup.tsinghua.edu.cn
印　刷　者:北京富博印刷有限公司
装　订　者:北京市密云县京文制本装订厂
经　　销:全国新华书店
开　　本:185×260　　　印　张:9.25　　　字　数:215 千字
版　　次:2011 年 11 月第 1 版　　　印　次:2011 年 11 月第 1 次印刷
印　　数:1~3000
定　　价:17.50 元

产品编号:044945-01

前言

随着信息技术的飞速发展,目前我国的高等教育事业正面临着新的发展机遇,但同时也面对新的挑战,这些都对高等学校的计算机基础教育提出了更高的要求。为了适应教学改革的需要,进一步推动我国高等学校计算机基础教育事业的发展,进一步加强对学生计算机知识、能力与素养方面的教育,使学生具备相应的计算机基本操作技能与基本信息素养,我们在精心组织长期从事计算机基础教学的一线教师编写《大学计算机基础》的基础上,为更好地使学生理解、掌握相应的知识点和提高操作应用能力,编写了配套的《大学计算机基础习题与实验指导》一书。

本书共分为 10 章,与《大学计算机基础》教材的章节次序相对应,每章包括习题和操作实验两部分。

习题部分涵盖全书的每一章,包括选择题和填空题,其中选择题 549 道,填空题 145 道,内容全面,针对性强,涵盖了教材的主要知识点,通过习题练习,有利于帮助学生更好地掌握书中相关的知识点,同时,每章最后都附有相应答案,帮助学生检验对相关知识点的掌握情况。

实验部分是按照《大学计算机基础》教材中各章节内容配套设计的实验,每个实验都提出了实验的目的和要求,提供了实验的操作步骤和操作方法,突出实验的重点和难点,重视培养学生的计算机应用能力和基本操作能力,达到学以致用的目的。

全书由陈志泊主编,徐秋红担任副主编并进行了统稿。蔡娟编写第 1 章、第 2 章、第 9 章和第 10 章,韩慧编写第 4 章、第 5 章、第 6 章和第 8 章,徐秋红编写第 3 章和第 7 章。

由于作者水平有限,书中难免有错误和不足之处,恳请读者批评指正。

编著者
2011 年 9 月

目录

第 1 章 计算机基础知识

计算机(Computer)是一种能接收和存储信息,并按照存储在其内部的程序对输入的信息进行加工处理、并输出处理结果的高度自动化的电子设备。利用计算机可以提高社会生产力和改善人民的生活质量。它是 20 世纪最重大的科学技术发明之一,对人类社会的生产和生活都有极其深刻的影响。

计算机基础知识包括计算机的信息处理,计算机的分类、发展及计算机的应用等。计算机内部的信息是以二进制数值形式表示的,因此数制形式及其转换方法也是计算机基础知识中比较重要的内容。数制的相互转换包括非十进制数(二进制、八进制和十六进制)转换成十进制数、十进制数转换成非十进制数,以及非十进制数之间的相互转换等内容。信息编码包括数的编码、字符编码以及汉字编码。

本章给出的练习题可以帮助读者熟悉和掌握计算机的基本知识。

1.1 选择题

1. 下列有关计算机的描述中,( )是不正确的。
   (A) 计算机是完成信息处理的工具
   (B) 计算机按照人们编写的并预先存储好的程序,对输入的数据进行加工处理
   (C) 计算机的使用可以提高工作效率和改善生活质量
   (D) 由于计算机智能技术的发展,机器人最终可以代替人类

2. 世界上的第一台电子计算机是在( )年诞生的。
   (A) 1846   (B) 1864   (C) 1946   (D) 1964

3. 世界上第一台实现存储程序的电子数字计算机是( )。
   (A) ENCIA   (B) ENIAC   (C) EANIC   (D) INTEL

4. 世界上第一台电子计算机诞生于( )。
   (A) 德国   (B) 美国   (C) 法国   (D) 中国

5. 世界上首次提出存储程序计算机体系结构的是( )。
   (A) 艾仑·图灵   (B) 冯·诺依曼   (C) 莫奇莱   (D) 比尔·盖茨

6. 计算机能够自动、准确、快速地按照人们的意图进行运行的最基本思想是( )。
   (A) 采用超大规模集成电路   (B) 采用 CPU 作为中央核心部件
   (C) 采用操作系统   (D) 存储程序和程序控制

7. 划分计算机发展四个时代的主要依据是(　　)。

(A) 速度　　　　　(B) 体积　　　　　(C) 存储容量　　　　(D) 电子元器件

8. 自从第一台计算机问世以来,计算机的发展经历了 4 个时代,它们是(　　)。

(A) 低档计算机、中档计算机、高档计算机、手提计算机

(B) 微型计算机、小型计算机、中型计算机、大型计算机

(C) 组装机、兼容机、品牌机、原装机

(D) 电子管计算机、晶体管计算机、集成电路计算机、超大规模集成电路计算机

9. 第一台计算机的逻辑元件使用的是(　　)。

(A) 电子管　　　　　　　　　　　(B) 晶体管

(C) 集成电路　　　　　　　　　　(D) 超大规模集成电路

10. 目前,制造计算机所使用的电子元件是(　　)。

(A) 大规模集成电路　　　　　　　(B) 晶体管

(C) 集成电路　　　　　　　　　　(D) 超大规模集成电路

11. Pentium 4 处理器属于(　　)处理器。

(A) 第一代　　　　(B) 第三代　　　　(C) 第四代　　　　(D) 第二代

12. 个人计算机(PC)属于(　　)。

(A) 小型计算机　　　(B) 中型计算机　　　(C) 微型计算机　　　(D) 小巨型计算机

13. 国防科技大学研制的银河 3 号属于(　　)。

(A) 巨型机　　　　(B) 中型机　　　　(C) 小型机　　　　(D) 微型机

14. 计算机最早的应用是(　　)。

(A) 科学计算　　　(B) 信息处理　　　(C) 辅助设计　　　(D) 自动控制

15. 计算机用于解决科学研究与工程计算中的数学问题,称为(　　)。

(A) 数值计算　　　(B) 数学建模　　　(C) 数据处理　　　(D) 自动控制

16. 某单位自行开发的工资管理系统,按计算机应用的类型划分,它属于(　　)。

(A) 科学计算　　　(B) 辅助设计　　　(C) 数据处理　　　(D) 实时控制

17. 用计算机进行资料检索工作,是属于计算机应用中的(　　)。

(A) 科学计算　　　(B) 数据处理　　　(C) 实时控制　　　(D) 人工智能

18. 将计算机用于人口普查,这属于计算机的(　　)应用。

(A) 科学计算　　　(B) 数据处理　　　(C) 自动控制　　　(D) 辅助教学

19. 办公自动化是计算机的一项应用,按计算机应用分类,它属于(　　)。

(A) 科学计算　　　(B) 实时控制　　　(C) 数据处理　　　(D) 辅助设计

20. 目前的计算机应用领域中,(　　)的应用最为广泛,其处理的信息数据量较大,但是数值计算并不十分复杂。

(A) 过程控制　　　　　　　　　　(B) 科学计算

(C) 数据处理　　　　　　　　　　(D) 计算机辅助系统

21. 计算机的功能中不包括(　　)。

(A) 数值计算　　　(B) 创造发明　　　(C) 自动控制　　　(D) 辅助设计

22. 指纹识别是计算机在( )方面的应用。

    (A) 科学计算   (B) 过程控制   (C) 辅助设计   (D) 人工智能

23. 下列选项中,( )不属于人工智能领域中的应用。

    (A) 机器人   (B) 信用卡   (C) 人机对弈   (D) 机械手

24. 下列属于计算机在人工智能方面的典型应用是( )。

    (A) 图书管理   (B) 服装设计   (C) 人机博弈   (D) 视频播放

25. CAD 是计算机的主要应用领域,它的含义是( )。

    (A) 计算机辅助教育   (B) 计算机辅助测试

    (C) 计算机辅助设计   (D) 计算机辅助管理

26. "计算机辅助( )"的英文缩写为 CAM。

    (A) 制造   (B) 设计   (C) 测试   (D) 教学

27. 在计算机的辅助系统中,CAI 是指( )。

    (A) 计算机辅助设计   (B) 计算机辅助测试

    (C) 计算机辅助教学   (D) 计算机辅助制造

28. 计算机内部采用的数制是( )。

    (A) 十进制   (B) 二进制   (C) 八进制   (D) 十六进制

29. 在计算机中采用二进制数制的优点是( )。

    (A) 降低成本   (B) 二进制有稳定性

    (C) 二进制运算简单   (D) 以上都是

30. 将二进制数 10100011.10 转换为十六进制数,其值是( )。

    (A) (B3.2)H   (B) (134.4)H   (C) (A2.2)H   (D) (A3.8)H

31. 十进制数 180 对应的十六进制数是( )。

    (A) 4B   (B) 8B   (C) D4   (D) B4

32. 下面一组无符号数中,其值最小的是( )。

    (A) 二进制数 10000110   (B) 八进制数 203

    (C) 十进制数 130   (D) 十六进制数 81

33. ( )位二进制数可表示一位十六进制数。

    (A) 2   (B) 4   (C) 8   (D) 16

34. 要表示 7 种不同的状态,至少需要的二进制位数是( )。

    (A) 1   (B) 3   (C) 5   (D) 7

35. 以下 4 个未标明数制的数中,可以断定( )不是八进制数。

    (A) 1001   (B) 283   (C) 0   (D) 2675

36. 以下数据表示有错误的是( )。

    (A) $(365.78)_{10}$ (B) $(11001.111)_2$ (C) $(B3E1G)_{16}$ (D) $(157)_8$

37. 与十六进制数 $(AB)_{16}$ 数值相等的二进制数是( )。

    (A) 10101010   (B) 10101011   (C) 10111010   (D) 10111011

38. 十进制数 269 转换成十六进制数是( )。

    (A) 10E   (B) 10D   (C) 10C   (D) 10B

39. 二进制 1000000000 等于 2 的( )次方。

    (A) 8　　　　　　(B) 9　　　　　　(C) 10　　　　　　(D) 11

40. 十进制数 127 转换成二进制数是( )。

    (A) 11111111　　(B) 01111111　　(C) 10000000　　(D) 11111110

41. 下列一组数中最大的数是( )

    (A) $(108)_{10}$　　(B) $(1100100)_2$　　(C) $(79)_{16}$　　(D) $(162)_8$

42. $(1111)_2$ 转换为十进制数是( )。

    (A) 15　　　　　(B) 16　　　　　(C) 20　　　　　(D) 14

43. 十进制数 13 转换成二进制数是( )。

    (A) $(1001)_2$　　(B) $(1011)_2$　　(C) $(1100)_2$　　(D) $(1101)_2$

44. 将二进制数 101101 转换成十进制数是( )。

    (A) 45　　　　　(B) 90　　　　　(C) 49　　　　　(D) 91

45. 十六进制数 FF 转换成十进制数是( )。

    (A) 254　　　　(B) 255　　　　(C) 127　　　　(D) 128

46. 在微机中,bit 的中文含义是( )。

    (A) 二进制位　　(B) 双字　　　(C) 字节　　　(D) 字

47. 计算机能够处理的最小的数据单位是( )。

    (A) ASCII 码字符　(B) 二进制位　　(C) 字节　　　(D) 字符串

48. 在计算机中,一个字节是由( )二进制位组成。

    (A) 1 个　　　　(B) 8 个　　　　(C) 16 个　　　(D) 1 个字长

49. 用一个字节最多能编出( )不同的码。

    (A) 8 个　　　　(B) 16 个　　　(C) 128 个　　(D) 256 个

50. 计算机中的字节是常用单位,它的英文名字是( )。

    (A) bit　　　　(B) byte　　　(C) bout　　　(D) baut

51. 1GB 是 1MB 的( )倍。

    (A) 1024　　　(B) 1000　　　(C) 100　　　　(D) 10

52. 我们说某计算机的内存是 16MB,就是指它的容量为( )字节。

    (A) 16×1024×1024　　　　　　　(B) 16×1000×1000

    (C) 16×1024　　　　　　　　　　(D) 16×1000

53. 下列描述中,正确的是( )。

    (A) 1KB=1024×1024B　　　　　　(B) 1MB=1024×1024B

    (C) 1KB=1000B　　　　　　　　　(D) 1MB=1024B

54. 下列表示的存储容量最小的是( )。

    (A) 1TB　　　　(B) 10GB　　　(C) 1024KB　　(D) 10240B

55. "32 位微型计算机"中的 32 是指( )。

    (A) 微机型号　　(B) 内存容量　　(C) 存储单位　　(D) 机器字长

56. 微处理器处理的数据基本单位为字。一个字的长度通常是( )。

    (A) 16 个二进制位　　　　　　　　(B) 32 个二进制位

(C) 64 个二进制位　　　　　　　　　　(D) 与微处理器芯片的型号有关

57. 若一台计算机的字长为 4 个字节,这意味着它(　　)。
    (A) 能处理的数值最大为 4 位十进制数 9999
    (B) 能处理的字符串最多为 4 个英文字母组成
    (C) 在 CPU 中作为一个整体加以传送处理的代码为 32 位
    (D) 在 CPU 中作为一个整体加以传送处理的代码为 64 位

58. 八位无符号二进制整数的最大值对应的十进制数为(　　)。
    (A) 255　　　　　(B) 256　　　　　(C) 511　　　　　(D) 512

59. 下列四个不同进制的无符号数中,其值最小的是(　　)。
    (A) 十六进制数 CA　　　　　　　　　(B) 八进制数 310
    (C) 十进制数 201　　　　　　　　　　(D) 二进制数 11001011

60. 在微型计算机中,对字符的编码采用(　　)。
    (A) 阶码　　　　(B) ASCII 码　　　(C) 原码　　　　(D) 补码

61. 在计算机中应用最广的美国国家信息交换标准码是指(　　)。
    (A) 音码　　　　(B) 形码　　　　(C) 条形码　　　(D) ASCII 码

62. 在 ASCII 码文件中一个英文字母占(　　)个字节。
    (A) 2　　　　　(B) 8　　　　　(C) 1　　　　　(D) 16

63. 计算机存储器的一个字节可以存放(　　)。
    (A) 一个汉字　　　　　　　　　　　　(B) 两个汉字
    (C) 一个西文字符　　　　　　　　　　(D) 两个西文字符

64. 标准 ASCII 码是用 7 位(　　)代码来表示的。
    (A) 八进制代码　　　　　　　　　　　(B) 十进制代码
    (C) 二进制代码　　　　　　　　　　　(D) 十六进制代码

65. ASCII 编码的基本和扩展字符集中共有(　　)字符。
    (A) 128 个　　　(B) 1024 个　　　(C) 512 个　　　(D) 256 个

66. 计算机内字母或字符比较大小时,一般是根据字母或字符的(　　)进行比较的。
    (A) ASCII 码　　　　　　　　　　　　(B) 字母表位置先后
    (C) 笔画数　　　　　　　　　　　　　(D) 所占存储空间

67. 下列字符中,ASCII 码值最大的是(　　)。
    (A) a　　　　　(B) A　　　　　(C) x　　　　　(D) Y

68. 数字字符 8 的 ASCII 码为 56,那么数字字符 4 的 ASCII 码为(　　)。
    (A) 51　　　　　(B) 52　　　　　(C) 53　　　　　(D) 60

69. 已知大写字母 A 的 ASCII 码为十进制数 65,由此可以推算出大写字母 F 的
    ASCII 码为十进制数(　　)。
    (A) 61　　　　　(B) 60　　　　　(C) 70　　　　　(D) 71

70. 以下关于 ASCII 码值的说法中,正确的是(　　)。
    (A) 字母 a 比字母 b 大　　　　　　　(B) 字母 p 比字母 Q 大
    (C) 字母 H 比字母 R 大　　　　　　　(D) 字符 0 比字符 2 大

71. 在 ASCII 码表中,按照 ASCII 值从大到小排列顺序是(　　)。

(A) 数字、英文大写字母、英文小写字母

(B) 数字、英文小写字母、英文大写字母

(C) 英文大写字母、英文小写字母、数字

(D) 英文小写字母、英文大写字母、数字

72. 文字信息处理时,各种文字符号按一定的(　　)在计算机内进行各种处理。

(A) BCD 编码　　　(B) ASCII 编码　　　(C) 自然编码　　　(D) 二进制编码

73. 在微型计算机中,对汉字的编码采用了(　　)。

(A) 阶码　　　　　(B) 国标码　　　(C) BCD 码　　　(D) 原码

74. 汉字的国标码属于(　　)。

(A) 机内码　　　　(B) 汉字交换码　　　(C) 拼音码　　　(D) ASCII 码

75. 汉字在计算机中采用(　　)字节表示。

(A) 2　　　　　　　(B) 4　　　　　　　(C) 8　　　　　　　(D) 16

76. 一个汉字和一个英文字符在微型机中存储时所占字节数的比值为(　　)。

(A) 4∶1　　　(B) 2∶1　　　(C) 1∶1　　　(D) 1∶4

77. 在计算机中,1K 字节大约可以存储(　　)汉字。

(A) 1 个　　　(B) 512 个　　　(C) 1024 个　　　(D) 1000 个

1.2　填空题

1. 计算机中的所有信息都是以_____进制的形式存储在机器内部的。

2. 存储器容量 1GB、1KB、1MB 分别表示 2 的_____次方、_____次方、_____次方字节。

3. 将十进制整数转化为二进制数时采用的具体换算方法是_____。

4. 二进制数 101101101101.110 转换成八进制数是_____。

5. 将十进制的 89 转化为二进制数是_____。

6. 一个 ASCII 码字符占_____字节。

7. 将二进制数 1101011 转化为十进制数是_____。

8. 将十进制数 332 转化为二进制数是_____。

9. 计算机的内存常用_____作为单位,一个字节相当于_____个二进制位。

10. 在计算机存储器中,保存一个汉字需要_____个字节。

11. 数字符号 0 的 ASCII 码十进制表示为 48,数字符号 9 的 ASCII 码十进制表示为_____。

12. 按对应的 ASCII 码值进行字符比较大小时,字符'a'比字符'b'_____。

13. 大写字母、小写字母和数字三种字符的 ASCII 码,从小到大的排列顺序是_____、_____、_____。

14. CDH=_____B。

15. 八进制 615 所对应的二进制数是_____。

1.3 参考答案

（一）选择题

1. D	2. C	3. B	4. B	5. B	6. D	7. D	8. D
9. A	10. D	11. C	12. C	13. A	14. A	15. A	16. C
17. B	18. B	19. C	20. C	21. B	22. D	23. B	24. C
25. C	26. A	27. C	28. B	29. D	30. D	31. D	32. D
33. B	34. B	35. B	36. C	37. B	38. B	39. B	40. B
41. C	42. A	43. D	44. A	45. B	46. A	47. B	48. B
49. D	50. B	51. A	52. A	53. B	54. D	55. D	56. D
57. C	58. A	59. B	60. B	61. D	62. C	63. C	64. C
65. D	66. A	67. C	68. B	69. C	70. B	71. D	72. D
73. B	74. B	75. A	76. B	77. B			

（二）填空题

1. 二

2. 30 10 20

3. 除基取余法

4. 5555.6

5. 1011001

6. 1

7. 107

8. 101001100

9. 字节 8

10. 2

11. 57

12. 小

13. 数字 大写字母 小写字母

14. 11001101

15. 110001101

第2章 计算机系统

通常将计算机系统分为硬件系统和软件系统。虽然计算机硬件技术的发展日新月异,但是计算机系统的基本结构还是冯·诺依曼式的体系结构。

本章给出的练习题目将涉及计算机工作的基本原理、指令和总线的概念和分类等,还包括组成计算机的主要硬件(主板、CPU、内存、外存、输入和输出设备等)及其作用、计算机的系统软件和应用软件等。

2.1 选择题

1. 计算机硬件的基本结构思想是由( )提出来的。

   (A) 布尔　　　　　(B) 冯·诺依曼　　(C) 图灵　　　　　(D) 卡诺

2. "冯·诺依曼计算机"的体系结构主要分为五大组成部分,即( )。

   (A) 外存、内存、CPU、显示、打印

   (B) 输入、输出、运算器、控制器、存储器

   (C) 输入、输出、控制、存储、外设

   (D) 以上都不是

3. 1946 年世界上第一台电子数字计算机,奠定了至今仍然在使用的计算机的( )。

   (A) 外型结构　　(B) 总线结构　　(C) 存取结构　　(D) 体系结构

4. 计算机能够自动地按照人们的意图进行工作的最基本思想是( )。

   (A) 采用逻辑器件　(B) 程序存储　　(C) 识别控制代码　(D) 总线结构

5. 计算机硬件的核心是( )。

   (A) 存储器　　　(B) 运算器　　　(C) 控制器　　　(D) CPU

6. 计算机的性能主要取决于( )的性能。

   (A) ROM　　　　(B) CPU　　　　(C) CRT　　　　(D) 硬盘

7. 程序是计算机完成一定处理功能的( )的有序集合。

   (A) 指令　　　　(B) 软件　　　　(C) 字节　　　　(D) 编码

8. 计算机的通用性使其可以求解不同的算术和逻辑运算,这主要取决于计算机的( )。

   (A) 高速运算　　(B) 指令系统　　(C) 可编程序　　(D) 存储功能

9. CPU 能够执行人所发出的最小任务为(　　)。

(A) 程序　　　　　(B) 指令　　　　　(C) 语句　　　　　(D) 地址

10. 一条指令的完成一般可以分为取指令、(　　)和执行三个过程。

(A) 取数据　　　　(B) 译码　　　　　(C) 取地址　　　　(D) 传输数据

11. 计算机能直接执行的指令包括两部分,它们是(　　)。

(A) 源操作数与目标操作数　　　　　(B) 操作码与地址码

(C) ASCII 码与汉字代码　　　　　　(D) 数字与字符

12. 在计算机内部,能够按照人们事先给定的指令步骤、统一指挥各部件有条不紊地
协调工作的是(　　)。

(A) 运算器　　　　(B) 放大器　　　　(C) 控制器　　　　(D) 存储器

13. 不同的计算机,其指令系统也不相同,这主要取决于(　　)。

(A) 所用的操作系统　　　　　　　　(B) 系统的总体结构

(C) 所用的 CPU　　　　　　　　　　(D) 所用的程序设计语言

14. 计算机中 CPU 的任务是(　　)。

(A) 执行存放在 CPU 中的指令序列　　(B) 执行存放在存储器中的语句

(C) 执行存放在 CPU 中的语句　　　　(D) 执行存放在存储器中的指令序列

15. 计算机的指令主要存放在(　　)中。

(A) CPU　　　　　(B) 微处理器　　　(C) 主存储器　　　(D) 键盘

16. 计算机的三类总线中,不包括(　　)。

(A) 控制总线　　　(B) 地址总线　　　(C) 传输总线　　　(D) 数据总线

17. 关于计算机总线的说法不正确的是(　　)。

(A) 计算机的五大部件通过总线连接形成一个整体

(B) 总线是计算机各个部件之间进行信息传递的一组公共通道

(C) 根据总线中流动的信息不同分为地址总线、数据总线、控制总线

(D) 数据总线是单向的,地址总线是双向的

18. 计算机中最重要的核心部件是(　　)。

(A) CPU　　　　　(B) 显示器　　　　(C) 硬盘　　　　　(D) 键盘

19. PC 的更新主要是基于(　　)的变革。

(A) 软件　　　　　(B) 微处理器　　　(C) 存储器　　　　(D) 磁盘的容量

20. 微型计算机的微处理器主要包括(　　)。

(A) 运算器和控制器　　　　　　　　(B) CPU 和控制器

(C) CPU 和管理器　　　　　　　　　(D) 运算器和寄存器

21. CPU 的中文名称是(　　)。

(A) 中央处理器　　(B) 外(内)存储器　(C) 微机系统　　　(D) 显示器

22. 在计算机中,用来执行算术与逻辑运算的部件是(　　)。

(A) 运算器　　　　(B) 存储器　　　　(C) 控制器　　　　(D) 鼠标

23. 通常决定计算机档次主要的是(　　)。

(A) 打印机的速度　　　　　　　　　(B) CPU 的性能

（C）键盘上键的多少　　　　　　　　　　（D）所带软件的多少

24. 人们常说的 Pentium 4 是指（　　　　）。

（A）CPU 的类型　（B）ROM 的容量　（C）硬盘的容量　（D）显示器的类型

25. Pentium（奔腾）处理器是（　　　　）公司的产品。

（A）Intel　　　　　　（B）Microsoft　　　　（C）IBM　　　　　　（D）AMD

26. 对于 CPU，以下说法错误的是（　　　　）。

（A）CPU 是中央处理器的英文简称　　　（B）CPU 是计算机的核心

（C）CPU 是运算器和控制器的合称　　　（D）CPU 由运算器和内存组成

27. 微型计算机的主机包括（　　　　）。

（A）运算器和控制器　　　　　　　　　　（B）CPU 和 UPS

（C）CPU 和内存　　　　　　　　　　　　（D）UPS 和内存储器

28. 计算机的硬件系统是由（　　　　）组成。

（A）CPU、控制器、存储器、输入设备和输出设备

（B）运算器、控制器、存储器、输入设备和输出设备

（C）运算器、存储器、输入设备和输出设备

（D）CPU、运算器、存储器、输入设备和输出设备

29. 计算机的硬件一般包括外部设备和（　　　　）。

（A）运算器和控制器　　　　　　　　　　（B）存储器

（C）主机　　　　　　　　　　　　　　　（D）中央处理器

30. 衡量计算机的性能，除了用运算速度、字长等指标以外，还可以用（　　　　）来表示。

（A）主存储器容量的大小　　　　　　　　（B）外部设备的多少

（C）计算机的体积　　　　　　　　　　　（D）计算机的制造成本

31. 计算机中的存储系统是指（　　　　）

（A）RAM　　　　　　　　　　　　　　　（B）ROM

（C）主存储器　　　　　　　　　　　　　（D）主存储器和外存储器

32. 计算机当前正在运行的程序和数据主要存放在（　　　　）中。

（A）CPU　　　　　（B）微处理器　　　　（C）主存储器　　　　（D）键盘

33. 计算机的主存储器可以分为（　　　　）。

（A）内存储器和外存储器

（B）硬盘存储器和软盘存储器

（C）磁盘存储器和光盘存储器

（D）只读存储器（ROM）和随机存储器（RAM）

34. 运算器中的运算结果可直接传送到（　　　　）。

（A）RAM　　　　　（B）软盘　　　　　　（C）ROM　　　　　　（D）硬盘

35. 人们通常说的扩充计算机的内存，指的是增加（　　　　）。

（A）ROM　　　　　（B）CMOS　　　　　（C）CPU　　　　　　（D）RAM

36. 随机存储器 RAM 的特点是（　　　　）。

（A）只能读数据

（B）只能写数据

（C）可随机读写数据，断电后数据将全部丢失

（D）只能顺序读写数据，断电后数据将部分丢失

37. 计算机断电后，计算机中（　　）全部丢失，再次通电也不能恢复。

  （A）ROM 和 RAM 中的信息　　　　　（B）ROM 中的信息

  （C）RAM 中的信息　　　　　　　　　　（D）硬盘中的信息

38. 计算机正常关机后，（　　）中的信息不会消失。

  （A）ROM　　　　（B）RAM　　　　（C）CACHE　　　　（D）CPU

39. 在微机系统中，最基本的输入输出模块 BIOS 存放在（　　）

  （A）RAM 中　　　（B）ROM 中　　　（C）硬盘中　　　（D）寄存器中

40. ROM 的含义是（　　）。

  （A）中央处理器　　（B）随机存储器　　（C）只读存储器　　（D）软盘

41. 半导体只读存储器（ROM）与半导体随机存储器（RAM）的主要区别在于（　　）。

  （A）ROM 可永久保存信息，RAM 在掉电后信息会丢失

  （B）ROM 掉电后，信息会丢失，RAM 则不会

  （C）ROM 是内存储器，RAM 是外存储器

  （D）ROM 是外存储器，RAM 是内存储器

42. 下列存储器中，存取周期最短的是（　　）。

  （A）内存　　　（B）U 盘　　　（C）硬盘　　　（D）光盘

43. 配置高速缓冲存储器（Cache）是为了解决（　　）。

  （A）内存和外存之间速度不匹配的问题

  （B）CPU 和外存之间速度不匹配的问题

  （C）CPU 和内存之间速度不匹配的问题

  （D）主机和其他外围设备速度不匹配的问题

44. 计算机的内存储器与高速缓存（Cache）相比，高速缓存（　　）。

  （A）速度快　　　　　　　　　　（B）相同容量的价格更便宜

  （C）存储量大　　　　　　　　　（D）能储存用户信息而不丢失

45. 下列存储器中，CPU 的访问速度最快的是（　　）。

  （A）RAM　　　（B）CD-ROM　　　（C）ROM　　　（D）Cache

46. 有关存储器读写速度快慢的正确排列的是（　　）。

  （A）RAM＞Cache＞硬盘＞软盘　　　（B）Cache＞RAM＞硬盘＞软盘

  （C）Cache＞硬盘＞RAM＞软盘　　　（D）RAM＞硬盘＞Cache＞软盘

47. 在一台计算机中，主存比硬盘（　　）。

  （A）容量大　　　　　　　　　　（B）能永久保存信息

  （C）读写速度快　　　　　　　　（D）每字节的价格便宜

48. 软盘和硬盘属于（　　）。

  （A）输入设备　　（B）输出设备　　（C）外存储器　　（D）内存储器

49. 一般情况下,计算机断电后,硬盘中存放的数据(   )。
    (A) 不会失去   (B) 完全失去   (C) 少量失去   (D) 多数失去

50. 硬盘工作时应特别注意避免(   )。
    (A) 噪声   (B) 震动   (C) 潮湿   (D) 日光

51. 计算机中,用来表示存储容量大小的最基本单位是(   )。
    (A) 位   (B) 字节   (C) 千   (D) 兆

52. 1GB 等于(   )。
    (A) 1024B   (B) 1024KB   (C) 1024MB   (D) 1024b

53. 内存为 128MB,包含的比特数为(   )。
    (A) 128   (B) 128×1024
    (C) 128×1024×1024   (D) 128×1024×1024×8

54. 存储容量 1MB 为(   )。
    (A) 100KB   (B) 1024KB   (C) 8000KB   (D) 1000KB

55. 目前,普通 CD 盘的容量一般在(   )左右。
    (A) 5GB   (B) 2GB   (C) 700MB   (D) 1500MB

56. 下列说法中不正确的是(   )。
    (A) CD-ROM 是一种只读存储器但不是内存储器
    (B) CD-ROM 驱动器是多媒体计算机的基本部分
    (C) 只有存放在 CD-ROM 盘上的数据才称为多媒体信息
    (D) CD 光盘上能够存储大约 700MB 的信息

57. 光盘根据基制造材料和记录信息的方式不同,一般可分为(   )。
    (A) CD、VCD
    (B) CD、VCD、DVD MP3
    (C) 只读光盘、一次性写入光盘、可擦写光盘
    (D) 数据盘、音频信息盘、视频信息盘

58. 在多媒体计算机系统中,不能存储多媒体信息的是(   )。
    (A) 光盘   (B) 磁盘   (C) 磁带   (D) 光缆

59. 设置屏幕显示属性时,与屏幕分辨率及颜色质量有关的设备是(   )。
    (A) CPU 和硬盘   (B) 显卡和显示器
    (C) 网卡和服务器   (D) CPU 和操作系统

60. (   )都是计算机的外部设备。
    (A) 打印机、鼠标和辅助存储器   (B) 键盘、光盘和 RAM
    (C) ROM、硬盘和显示器   (D) 主存储器、硬盘和显示器

61. 下列各项中,不属于输入设备的是(   )。
    (A) 扫描仪   (B) 显示器   (C) 键盘   (D) 鼠标器

62. 目前,除(   )以外,通用型计算机的键盘可以通过多种接口形式与计算机相连接。
    (A) USB 接口   (B) 无线网络   (C) 串行接口   (D) 显示器接口

63. (   )的作用是将计算机外部的信息送入计算机。
   （A）输入设备　　　（B）输出设备　　　（C）显示器　　　（D）电源线

64. 在下面的描述中,正确的是(   )。
   （A）外存中的信息可直接被 CPU 处理
   （B）内存条指的是 ROM
   （C）键盘是输入设备,显示器是输出设备
   （D）操作系统是一种很重要的应用软件

65. 输出设备除显示器、绘图仪外,还有(   )。
   （A）键盘　　　（B）激光打印机　　　（C）鼠标　　　（D）扫描仪

66. 下列属于计算机输入设备的是(   )。
   （A）鼠标　　　（B）音箱　　　（C）显示器　　　（D）打印机

67. 下列属于计算机输出设备的是(   )。
   （A）话筒　　　（B）显示器　　　（C）扫描仪　　　（D）数码摄像机

68. 下列设备中,多媒体计算机所特有的设备是(   )。
   （A）键盘　　　（B）鼠标　　　（C）显示器　　　（D）视频卡

69. 显示器是目前使用最多的(   )。
   （A）存储器　　　（B）输入设备　　　（C）微处理器　　　（D）输出设备

70. 话筒属于(   )。
   （A）输入设备　　　（B）输出设备　　　（C）显示器　　　（D）存储器

71. 下列设备中既属于输入设备又属于输出设备的是(   )。
   （A）鼠标　　　（B）显示器　　　（C）硬盘　　　（D）扫描仪

72. 计算机的显示器的清晰程度取决于显示器的(   )。
   （A）尺寸　　　（B）分辨率　　　（C）对比度　　　（D）亮度

73. 计算机显示器的性能参数中,1280×1024 表示(   )。
   （A）显示器大小　　　　　　（B）显示的行列数
   （C）显示器的分辨率　　　　（D）显示器的颜色最大值

74. 下列设备可以将照片输入到计算机上的是(   )。
   （A）键盘　　　（B）数字化仪　　　（C）绘图仪　　　（D）扫描仪

75. 只读光盘驱动器的英文名是(   )。
   （A）ROCD　　　（B）ROM　　　（C）CD-ROM　　　（D）DVD

76. 下列打印机中属于击打式打印机是(   )。
   （A）点阵打印机　　　（B）热敏打印机　　　（C）激光打印机　　　（D）喷墨打印机

77. 在下列几种类型的打印机中,打印文本时质量最好的是(   )。
   （A）针式打印机　　　（B）激光打印机　　　（C）热敏打印机　　　（D）喷墨打印机

78. 所谓"裸机"是指(   )。
   （A）单片机　　　　　　　　　　　（B）单板机
   （C）不装备任何软件的计算机　　　（D）只装备操作系统的计算机

79. 计算机的软件系统包括( )两个部分。
   (A) 用户程序与数据　　　　　　　(B) 系统软件与应用软件
   (C) 操作系统与语言处理程序　　　(D) 数据文档
80. 系统软件的核心是( )。
   (A) 操作系统　　　(B) 诊断程序　　　(C) 软件工具　　　(D) 语言处理程序
81. 操作系统是对计算机软件、硬件资源进行( )的程序。
   (A) 管理和控制　　(B) 汇编和执行　　(C) 输入和输出　　(D) 编译和连接
82. 专门为某一应用目的而设计的软件是( )。
   (A) 应用软件　　　(B) 系统软件　　　(C) 工具软件　　　(D) 目标程序
83. ( )是专门为计算机资源的管理而编制的软件。
   (A) 编译软件　　　　　　　　　　(B) 数据库管理系统
   (C) 操作系统　　　　　　　　　　(D) 应用软件
84. 在计算机内部,计算机能够直接执行的程序语言是( )。
   (A) 汇编语言　　　(B) C++ 语言　　　(C) 机器语言　　　(D) 高级语言
85. 机器语言是由一串用 0、1 代码构成指令的( )。
   (A) 高级语言　　　(B) 通用语言　　　(C) 汇编语言　　　(D) 低级语言
86. 语言处理程序包括汇编程序、编译程序和( )。
   (A) C 程序　　　(B) BASIC 程序　　　(C) PASCAL 程序　(D) 解释程序
87. 用 C 语言编制的源程序要转变为目标程序,必须经过( )。
   (A) 汇编　　　　　(B) 连接　　　　　(C) 编辑　　　　　(D) 编译
88. 下列选项中属于数据库管理系统的是( )。
   (A) Linux　　　　　(B) Access　　　　(C) Auto CAD　　　(D) Word
89. 下列属于系统软件的是( )。
   (A) Office2000　　　(B) Windows XP　　(C) Netscape　　　(D) FrontPage
90. 下列选择中,( )是计算机语言。
   (A) Windows　　　　(B) Java　　　　　(C) DOS　　　　　(D) Word

2.2　填空题

1. 计算机系统通常是由_____和_____两部分组成的。

2. 计算机的硬件系统包括_____、_____、_____、_____和_____五大基本部分。

3. 目前的计算机都在应用_____提出的存储程序的原理,其本身没有发生根本性的变化。

4. 主存储器按其工作方式的不同,可以分为_____(简称 RAM)和_____(简称 ROM)。

5. 计算机内部采用_____进制来表示指令和数据。

6. 计算机的指令由操作码和_____组成。

7. 计算机的总线有_____、_____和_____三种。

8. 微型计算机的主机是由_____和_____组成。

9. 中央处理器简称_____,它是计算机系统的核心,主要包括_____和_____。

10. 能够与控制器直接交换信息的存储器是_____。

11. 存储器的容量是指存储器中所包含的字节数。通常用 KB、MB、GB 作为存储器容量的单位。1KB=_____B ,1GB=_____MB。

12. 只读光盘驱动器的英文缩写是_____。

13. Cache 是_____存储器,它是为了解决内存和 CPU 之间速度不匹配的问题而设置的。

14. _____是显示器的一个重要技术指标。

15. 键盘和扫描仪属于计算机的_____设备。

16. 显示器和打印机属于计算机的_____设备。

17. 程序在被执行前,必须要先转换成计算机能识别和执行的_____语言。

18. 根据软件的用途,计算机软件一般分为系统软件和_____两大类。

19. 将高级程序设计语言源程序翻译成计算机可执行代码的软件称为_____。

20. 专门为某一应用目的而设计的软件是_____。

2.3　参考答案

(一) 选择题

1. B	2. B	3. D	4. B	5. D	6. B	7. A	8. B
9. B	10. B	11. B	12. C	13. C	14. D	15. C	16. C
17. D	18. A	19. B	20. A	21. A	22. A	23. B	24. A
25. A	26. D	27. C	28. B	29. C	30. A	31. D	32. C
33. D	34. A	35. D	36. C	37. C	38. A	39. B	40. C
41. A	42. A	43. C	44. A	45. C	46. C	47. C	48. C
49. A	50. B	51. B	52. C	53. D	54. B	55. C	56. C
57. C	58. B	59. B	60. A	61. B	62. B	63. A	64. C
65. B	66. A	67. B	68. D	69. D	70. A	71. C	72. B
73. C	74. D	75. C	76. A	77. B	78. C	79. B	80. A
81. A	82. A	83. C	84. C	85. D	86. D	87. D	88. B
89. B	90. B						

(二) 填空题

1. 硬件系统　软件系统

2. 运算器　控制器　存储器　输入设备　输出设备

3. 冯·诺依曼

4. 随机存取存储器　只读存储器

5. 二

6. 地址码

7. 数据总线　地址总线　控制总线

8. CPU　内存

9. CPU　运算器　控制器

10. 内存

11. 1024　1024

12. CD-ROM

13. 高速缓冲

14. 分辨率

15. 输入

16. 输出

17. 机器

18. 应用软件

19. 编译程序

20. 应用软件

第 **3** 章 操作系统

操作系统(Operating System,OS)是管理计算机硬件与软件资源的程序,同时也是计算机系统的内核与基石。操作系统本身是一个庞大的管理程序,承担着诸如管理和配置内存、决定系统资源供需的优先次序、控制输入与输出设备、操作网络与管理文件系统等基本事务。从用户的角度可以将操作系统理解为人机交互的界面,是其他应用软件执行的平台,并能使计算机系统的所有资源最大限度地发挥作用的软件。

目前台式微型机和笔记本计算机上常见的操作系统有 Windows 系列版本的操作系统和 Linux 系列版本的操作系统。

本章将通过习题练习来帮助读者熟悉和掌握 Windows 操作系统的使用方法,同时也了解和熟悉 Linux 操作系统的基本操作过程。

3.1 选择题

1. 操作系统的功能是( )。
   (A) 负责外设与主机之间的信息交换
   (B) 将源程序编译成目标程序
   (C) 负责诊断机器的故障
   (D) 控制和管理计算机系统的各种硬件和软件资源的使用

2. 磁盘的分区有三种形式,即主分区、扩展分区和( )。
   (A) 外部分区　　　(B) 内部分区　　　(C) 逻辑分区　　　(D) 物理分区

3. Linux 操作系统安装完成后,系统默认的超级用户的用户账号是( )。
   (A) administrator　(B) boot　　　　　(C) ftp　　　　　(D) root

4. 文件系统是操作系统用于在磁盘或分区上组织和建立文件的数据结构,是从庞杂的存储数据中分辨文件的方法。下面列出的内容中,除( )以外,其余的都是计算机的各种操作系统应用的文件系统格式。
   (A) FAT16　　　　(B) LPT1　　　　(C) EXT3　　　　(D) NTFS

5. 如果用户打算删除计算机内部已安装的一个应用软件,那么采用以下( )的做法是不恰当的。
   (A) 在磁盘中找到要删除的应用软件所在的文件夹,将该文件夹直接删除
   (B) 如果这个应用软件在安装时自身带有一个卸载程序,则执行这个卸载程序来完成删除软件的工作

（C）利用控制面板中的"添加删除程序"功能,在安装程序列表中找到该应用软件的名称,执行"删除"命令去实现删除

（D）利用计算机的专门工具软件(如 360 安全卫士)中提供的"软件卸载"功能实现删除

6. 如果屏幕上平铺显示了多个窗口画面,那么根据某个窗口(   )的颜色可以判断它是否为活动窗口。

（A）滚动条　　　（B）标题栏　　　（C）边框　　　（D）菜单栏

7. 窗口最大化以后,最大化按钮被(   )按钮所替代,用鼠标单击它可使窗口恢复至原来的大小。

（A）还原　　　（B）标题　　　（C）工具栏　　　（D）最小化

8. 当打开了 Windows 操作系统下的"我的电脑"、"我的文档"、"网上邻居"等窗口后,如果依次单击任务栏上的应用程序按钮,则可以在上述几个窗口之间切换,也可以利用(   )键,将不同的窗口切换为活动窗口。

（A）Ctrl＋Alt＋Del　　　　　　　（B）Ctrl＋Shift 或 Alt＋Shift

（C）Alt＋Tab 或 Alt＋Esc　　　　（D）Shift＋PrScrn

9. Windows 系统的"开始"按钮所在的任务栏不能停留在屏幕的(   )。

（A）左侧　　　（B）右侧　　　（C）顶部　　　（D）中间

10. 在 Windows 操作系统中,当一个应用程序窗口被最小化以后,该应用程序(   )。

（A）暂停运行　　　　　　　　　（B）继续在前台运行

（C）继续在后台运行　　　　　　（D）终止运行

11. 如果对一个磁盘执行了格式化操作,则相当于(   )。

（A）对该磁盘执行了一次"磁盘清理"操作

（B）删除了该磁盘内的所有文件及文件夹

（C）向该磁盘中重新复制了重要的文件

（D）在不破坏该磁盘原有文件的基础上,对该磁盘做了一次全面的检查

12. Windows XP 有两种可以快速打开任务管理器窗口的方法,一种是按下 Ctrl＋Alt＋Del 键,另一种是按下(   )键。

（A）Ctrl＋Shift＋Esc　　　　　　（B）Ctrl＋Shift＋Tab

（C）Alt＋Shift　　　　　　　　　（D）Alt＋Insert

13. Windows 直接删除文件而不进入回收站的操作,正确的是(   )

（A）选定文件后,按 Del 键　　　　　（B）选定文件后,按 Shift＋Del 键

（C）选定文件后,按下 Ctrl＋Del 键　（D）选定文件后,按 Alt＋Del 键

14. 文件名使用通配符的作用是(   )。

（A）减少文件名所占用的磁盘空间　　（B）便于保存文件

（C）便于一次处理多个文件　　　　　（D）便于给一个文件命名

15. 在 Windows 操作系统中,切换汉字输入法可以使用(   )命令。

（A）Alt＋Tab　　（B）Ctrl＋Shift　　（C）Alt＋空格　　（D）Ctrl＋空格

16. 在下列有关 Windows 菜单命令的说法中,不正确的是(   )。

(A) 带省略号"…"的命令执行后会打开一个对话框,要求用户输入信息

(B) 命令前有符号√表示该命令有效

(C) 当鼠标指向带符号"?"的命令时,会弹出一个子菜单

(D) 命令项呈灰暗的颜色,表示相应的程序被破坏了

17. Windows 环境下,PrintScreen 键的作用是(   )。

(A) 复制当前窗口到剪贴板　　　　　(B) 窗口的内容送到打印机准备打印

(C) 复制屏幕到剪贴板　　　　　　　(D) 屏幕内容送到打印机准备打印

18. Windows 操作系统中,对话框可以(   )。

(A) 移动　　　　(B) 最大化　　　　(C) 最小化　　　　(D) 改变大小

19. 在 Windows 操作系统的资源管理器中,若想选取多个连续的文件或文件夹,可以先用鼠标单击待选的第一个待选取的文件或文件夹,然后按下(   )键,再单击最后一个待选取的文件或文件夹。

(A) Ctrl　　　　(B) Shift　　　　(C) Alt　　　　(D) Shift＋Ctrl

20. 剪贴板是内存中的一块公用区域,其内容(   )。

(A) 可以被所有应用程序使用

(B) 只能在同一个应用程序中多次使用

(C) 被使用一次后就会消失

(D) 在用户注销后就会消失

3.2　填空题

1. 在操作系统中查找文件或文件夹时,文件或文件夹的名字中常常用到一个通配符 *,它表示_____。

2. 当用户按下_____键,系统弹出"Windows 任务管理器"窗口。

3. 在 Windows 操作系统中,其自身有一个默认的管理员账户,名为_____。

4. Windows 系统中,通过删除无用文件来帮助释放硬盘驱动器空间的程序是_____。

5. 执行 Windows 操作时,有时由于意外原因导致磁盘出错,解决这个问题时需要运行_____程序。

6. 在 Windows 操作系统平台上工作时,有时需要执行_____程序来重新安排计算机硬盘上的文件、程序,以及未使用的空间,以便程序运行得更快,文件打开得更快。

7. Windows 操作系统中的剪贴板是_____中一块临时存放交换信息的区域。

8. 启动 Windows 操作系统时,若想直接进入最小系统配置的安全模式,就按下_____键。

9. Linux 操作系统中,分配 CPU 时间的基本单位是_____。

10. 在 Linux 操作系统中,设备都是以_____的形式来访问的。

11. Linux 操作系统的交换分区(swap)是作为系统_____的区域。

12. 在 Linux 系统下,第二个 IDE 接口的硬盘被标识为_____。

3.3　操作题

以 Windows XP 操作系统和 Linux 操作系统为应用平台,学习和掌握计算机的基本操作方法。

3.3.1　实验一　熟悉 Windows XP 操作系统的工作环境

【实验目的】

1. 熟悉 Windows 操作系统的桌面环境。
2. 认识和了解"任务栏",掌握对 Windows 窗口的基本操作。
3. 掌握查看系统资源和管理系统资源的基本方法。

【实验内容】

1. 启动 Windows XP 操作系统,观察 Windows XP 桌面各组成元素,重新排列桌面图标的次序。

2. 用鼠标双击桌面上的"我的电脑"、"回收站"图标,分别打开"我的电脑"和"回收站"两个窗口,观察任务栏上刚刚出现的两个应用程序按钮,通过单击该按钮,体会此操作的作用,或使用窗口切换的快捷键来激活某个窗口。

3. 以不同的方式排列已打开的窗口(层叠、横向平铺、纵向平铺)。

操作指导:

将鼠标指向任务栏的空白处,单击鼠标右键,打开快捷菜单,如图 3.1 所示。

图 3.1　进行窗口重排的快捷菜单

4. 设置 Windows XP 系统,实现单击"开始"按钮时可以打开"经典「开始」菜单"。设置完成后,通过打开开始菜单来查看设置的结果。

操作指导:

打开如图 3.1 所示的快捷菜单,单击其中的"属性"菜单项,打开"任务栏和「开始」菜单属性"对话框,在"「开始」菜单"选项卡(如图3.2所示)中选择所需菜单形式的选项。

5. 重新设置 Windows XP 系统,实现单击"开始"按钮时可以打开方便访问 Internet、电子邮件等操作的开始菜单。设置完成后,在开始菜单中查看设置的结果。

6. 修改任务栏的锁定状态,如果当前系统的任务栏为锁定状态,则将其改为非锁定状态;如果当前系统的任务栏已经处于非锁定状态,则将其改为锁定状态。

操作指导:

修改方式有两种,一种是打开图3.1所示的快捷菜单,用鼠标单击"锁定任务栏"菜单项;另一种是打开"任务栏和「开始」菜单属性"对话框,选择"任务栏"选项卡(如图3.3所示),通过修改"锁定任务栏"复选框来设置任务栏的锁定状态。

图3.2 设置开始菜单的显示内容　　　　图3.3 修改"任务栏"的外观属性

7. 设置任务栏的位置,将任务栏放置在屏幕的顶部。

操作指导:

在不锁定任务栏的情况下,将鼠标指向任务栏的空白处,按下鼠标的执行键,将任务栏拖曳到屏幕的上方区域,松开鼠标即可。

8. 修改任务栏右侧通知区域中的显示内容,将时钟、本地连接、音量等内容设置为总是显示在任务栏的通知区域中。

操作指导:

要想使时钟始终显示在任务栏的通知区域中,就要对图3.3内的"显示时钟"复选项做勾选。若要确保本地连接、音量等图标也始终显示在任务栏的通知区域中,就要按下"任务栏"选项卡的"自定义"按钮,在打开的"自定义通知"对话框中选择"本地连接"项、"音量"项,将它们的"行为"更改为"总是显示"状态即可(如图3.4所示)。

9. 查看系统的当前日期,重新设置系统日期和时间。

10. 快速设置声音控制,将音量改为静音状态。

操作指导:

单击任务栏右侧通知区域中的"音量"图标,打开"音量控制"面板。在该面板中上下拖动滑块,即可调整声音设备的音量大小。如果勾选了"静音"复选框,则可以实现关闭声音设备。

11. 查看和设置桌面背景,重新更换桌面背景图案。

操作指导:

鼠标指向桌面的空白区域,单击右键,从弹出的快捷菜单中选择"属性"命令,打开图 3.5 所示的"显示属性"对话框,此后设置和选择所需的背景。

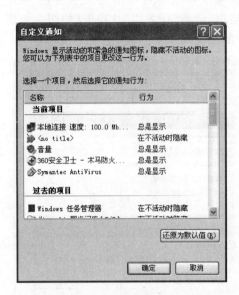
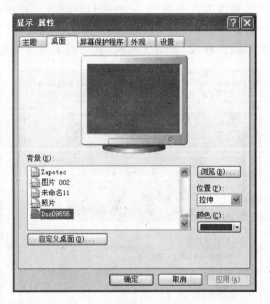

图 3.4 设置"任务栏"的"通知   图 3.5 在"显示属性"对话框的"桌面"
区域"显示的内容   选项卡中修改桌面背景

12. 查看本地计算机的基本信息,包括 CPU 型号、内存大小、操作系统的版本号等。

操作指导:

打开 Windows 操作系统的"控制面板",双击"性能和维护"图标,打开"性能和维护"窗口,双击"系统"图标按钮来打开"系统属性"对话框,如图 3.6 所示。

13. 打开系统自动更新功能,开启 Windows 防火墙。

操作指导:

打开 Windows 操作系统的控制面板,双击"安全中心"图标,参见图 3.7。

14. 浏览系统资源,查看本地计算机的系统硬件配置情况,查找本地计算机的显示卡型号和声卡型号。

操作指导:

计算机上的资源可以通过两种方式查看,一种是使用"我的电脑",另一种是使用"资源管理器"。例如,在"我的电脑"窗口中可以列出本地计算机上的所有资源内容。如果要打开文件或文件夹,就双击包含该文件的驱动器,再双击要打开的文件夹即可。如果要查看系统的硬件资源情况,则可以在"系统属性"对话框中(如图 3.8 所示)选择"硬件"选项卡,单击"设备管理器"按钮,在打开的"设备管理器"窗口中查看和设置相应的硬件。

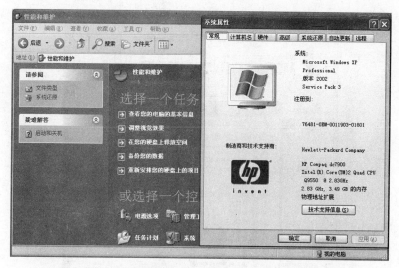

图 3.6　打开"系统属性"对话框来查看系统的基本配置

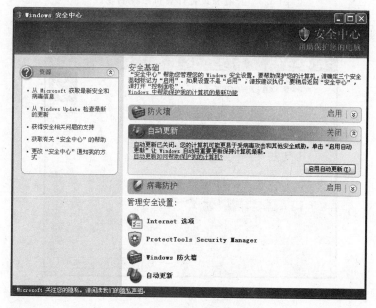

图 3.7　打开系统的防火墙

15. 在 Windows XP 系统中安装一台打印机。

操作指导：

（1）如果要安装一台本地打印机，则首先连接好打印机与计算机之间的并行端口电缆，接通电源线，确保打印机与计算机之间的物理连接正确，然后单击"开始"按钮，或者通过"控制面板"来选择"打印机和传真"命令，进入"打印机和传真"窗口。在"打印机任务"一栏中执行"添加打印机"命令后，可以激活"添加打印机向导"窗口，以协助用户安装打印机。当看到"添加打印机向导"中出现提示"请选择能描述您要使用的打印机的选项"时，应该选择"连接到此计算机的本地打印机"选项，如图 3.9 所示。最后选择执行与实际打

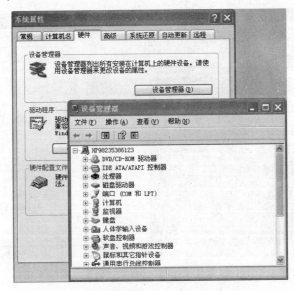

图 3.8 查看和设置计算机系统的硬件

印机相匹配的打印机驱动程序,即可完成安装过程。

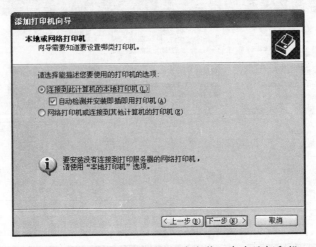

图 3.9 利用"添加打印机向导"来安装一台本地打印机

（2）如果打算安装网络中共享的打印机,则首先要确保本地计算机已经正常的连接在网络中,且网络中存在共享的打印机服务器,然后单击"开始"按钮,或者通过"控制面板"执行"打印机和传真"命令,同样利用打印机向导方式来添加打印机,只是在看到"添加打印机向导"中出现提示"请选择能描述您要使用的打印机的选项"时,应该选择"网络打印机或其他计算机的打印机"选项。最后指定要连接的网络打印机的 URL 地址（例如,图 3.10 给出了一个实例）来实施连接,或者通过选择"浏览打印机"选项,在局域网中查找到可以连接的网络打印机后,再实施连接过程。

16. 查看打印机的属性。

操作指导:

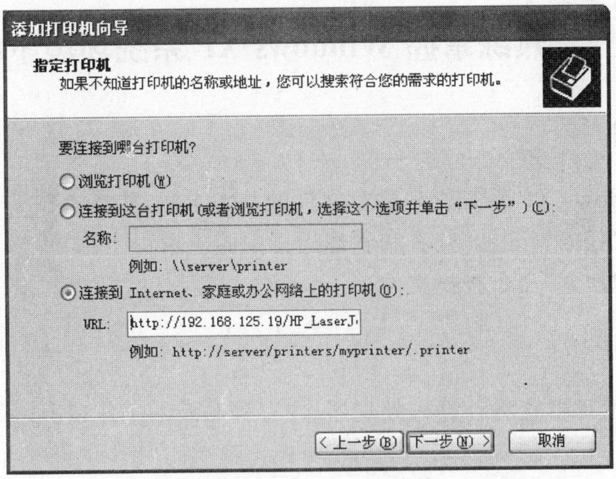

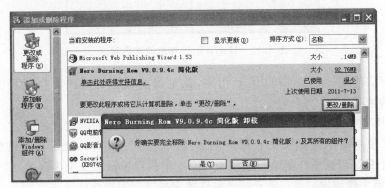

图 3.10　指定要连接的网络打印机的 URL

安装打印机后,系统会为打印机建立一个默认的配置,利用"开始"菜单或"控制面板"可以打开"打印机和传真"窗口,用鼠标选中要修改配置的打印机图标并单击右键,在弹出的快捷菜单内选择执行"属性"命令,系统会打开打印机属性对话框,从中可以查看当前打印机的相关信息。如果该打印机配置的项目不能满足打印的需求,则可以在此重新设置或更改打印机的配置信息。

17. 练习利用"控制面板",在"添加和删除程序"中查看或删除应用程序。

操作指导:

许多计算机操作的初学者容易犯的一个常识性错误是在卸载程序时,以为只要找到该程序的安装目录,以手动删除文件的方式删除该目录及其内部的文件后就可以了。其实这样做只是删除了程序的应用文件,该程序的安装信息及部分应用信息仍残留在系统注册表和系统文件夹中,这些文件将成为系统的垃圾文件,有些还会给日后安装程序带来麻烦,造成某些程序无法安装或无法使用。彻底卸载应用程序的正确方法是使用系统"控制面板"中的"添加和删除程序"。例如,图 3.11 显示了利用"添加和删除程序",查看并准备删除"Nero Burning Rom V9.0.9.4c 简化版"应用程序的示例。

图 3.11　删除"Nero Burning Rom V9.0.9.4c 简化版"应用程序

3.3.2 实验二 熟练掌握 Windows XP 系统环境下的文件管理

【实验目的】

1. 掌握 Windows XP 系统管理磁盘文件的基本方法,熟练操作文件和文件夹。
2. 掌握使用"任务管理器"查看和管理运行中的应用程序。
3. 学会使用"搜索"命令查找文件。

【实验内容】

1. 利用任务管理器查看计算机处理器、内存等动态的工作情况。

操作指导:

将鼠标指向任务栏的空白处,单击鼠标右键,在弹出的快捷菜单中执行"任务管理器"命令,或者直接使用 Ctrl+Shift+Esc 组合键,或者使用 Ctrl+Alt+Del 组合键,都可以打开"Windows 任务管理器"窗口。选择"性能"选项卡后,可以查看当前计算机的处理器和内存动态的工作情况,如图 3.12 所示。下面是对显示信息中常见的技术词汇的简单说明。

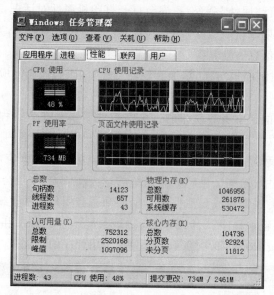

图 3.12 动态显示计算机的工作状况

(1) CPU 使用:显示 CPU 的使用率,就是当前计算机内正在执行中的程序使用 CPU 资源的情况。

(2) CPU 使用记录:显示计算机系统使用 CPU 资源随时间变化的图表。

(3) PF 使用率:PF 的英文形式是 Page File(即页面文件),表示被系统使用的页面文件量,这个量是以系统分配给程序及操作系统的内存容量多少来表现的。

(4) 页面文件使用记录:显示页面文件的用量随时间变化的图表。

图表中显示的采样情况取决于任务管理器菜单栏的"查看"菜单项中所选择的"更新

速度"的设置值,设置为"高"时,表示每秒更新 2 次;设置为"正常"时,表示每 2 秒更新 1 次;设置为"低"时,表示每 4 秒更新 1 次;如果设置为"暂停",则表示不自动更新。

(5)认可用量:表示系统可使用的内存容量。其中的"总数"是指被操作系统和正运行程序所占用的内存总和,包括物理内存和虚拟内存,它与上面的 PF 使用率是相当的。"限制"是指系统所能提供的最高内存量,包括物理内存和虚拟内存。"峰值"是指一段时间内系统曾经达到的内存使用的最高值。由于虚拟内存的存在,"峰值"可以超过最大物理内存。

2. 列出磁盘 C 分区的所有文件和文件夹,显示文件的大小及最后修改日期。

操作指导:

利用"我的电脑",或者"资源管理器"等应用程序来处理。

3. 练习建立个人文件夹和文件,在磁盘 D 或 E 分区中建立以自己学号为名称的文件夹,并在此文件夹中建立一个名为"实验 1. txt"的文本文件。

4. 检查系统磁盘中是否存在后缀名为 txt 的文件。如果想查看近一周内曾处理过的后缀名是 txt 的文件,又如何执行呢?

操作指导:

可以利用系统提供的"搜索"命令快速定位或找到某个文件或文件夹的位置。

(1)单击"开始"按钮,执行"搜索"命令,打开"搜索结果"窗口。在窗口左侧的"搜索助理"工作区中单击"所有文件和文件夹"命令,图 3.13 显示了查找后缀名为 txt 文件的设置方式及执行结果的一个实例。

(2)也可以按时间来搜索所需的文件。图 3.14 显示了在"搜索结果"窗口中,为实现查找近一周内系统曾建立或修改过的后缀名为 txt 的文件,而设置查找命令的相关参数的情况,以及查找结果的一个实例。

图 3.13　在磁盘中查找所有后缀名为 txt 的文件

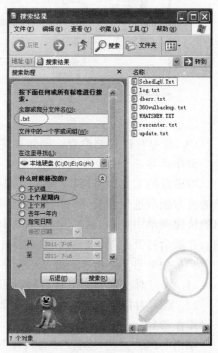

图 3.14　利用时间参数来搜索所需的文件

5. 练习在只知道文件的部分内容,但不知道文件名及文件建立日期的情况下如何查找文件。

操作指导:

如果不知道文件名,也不清楚文件建立或修改的日期,则可以通过文件内容的部分信息来查找文件。其查找方式是在如图 3.14 的"搜索助理"区中,向"文件中的一个字或词组"文本框内输入被查找文件含有的部分信息。系统将据此搜索含有这一信息内容的所有文件,把查出的文件的文件名列于"搜索结果"窗口右侧的"名称"区域内。

6. 删除自己学号为名称的文件夹,使其移入回收站。

7. 清空回收站。

8. 练习格式化磁盘。可以试着将一个移动驱动器(如 U 盘)作为要格式化的对象。

9. 利用"磁盘管理"查看当前的计算机系统内安装了几块物理磁盘,以及磁盘的分区情况。

操作指导:

打开"控制面板"窗口,执行"性能和维护"→"管理工具"→"计算机管理",在打开的"计算机管理"窗口中选择单击"磁盘管理"。例如,图 3.15 中显示了某一台计算机的磁盘分区情况。

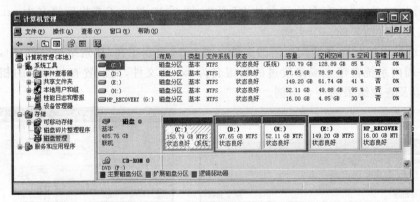

图 3.15   一台计算机的磁盘分区情况

10. 练习对磁盘做检查。例如,对当前计算机硬盘的 D 分区做检查。

操作指导:

当磁盘的工作效率降低,或者发现磁盘文件的完整性出问题时,就需要执行磁盘检查功能去对磁盘进行修复错误的处理。操作过程是在 D 驱动器图标上单击鼠标右键,从弹出的快捷菜单中选择"属性"命令,在属性对话框内选中"工具"选项卡,单击"开始检查"按钮。在随后打开的"检查磁盘"对话框中选择将要检查的项目,如图 3.16 所示。最后单击"开始"按钮来启动系统执行检查及修复磁盘的过程。

11. 练习对指定的磁盘进行磁盘碎片整理。例如,对硬盘的 D 分区做磁盘碎片整理。

12. 练习对指定的硬盘分区进行磁盘清理。

操作指导:

单击"开始"按钮,执行"所有程序"→"附件"→"系统工具"→"磁盘清理",选择要清理的磁盘驱动器的名称,再指定要清理删除的文件类型。

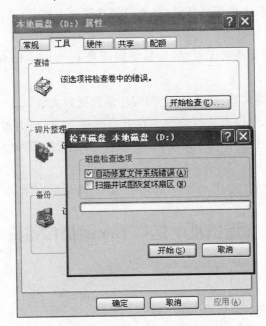

图 3.16　修复指定磁盘分区中的文件系统错误

3.3.3　实验三　掌握 Windows XP 系统的常用工具

【实验目的】

熟悉和掌握 Windows XP 系统的相关工具。

【实验内容】

1. 学习使用系统提供的"计算器"工具进行数据计算和数制换算。例如,将指定的一个十进制数换算为二进制数、十六进制数;将指定的一个二进制数,换算为十进制数。

2. 练习使用"记事本"工具建立一个文本文件。

3. 练习使用"画图"工具完成以下的操作内容。

(1) 截取当前屏幕的画面,利用"画图"工具,将此画面保存为.BMP 格式的文件。

(2) 截取屏幕中一个活动窗口的画面,利用"画图"工具,将此画面保存为.JPG 格式的文件。

(3) 认识工具箱中的各种工具,并试着使用它们。

4. 练习使用"录音机"工具建立声音文件,并利用复制、粘贴操作对已经存在的声音文件进行裁剪、拼接,生成新的声音文件。

5. 练习使用"Windows Media Player"播放一个音频文件(如 wav 或 mp3 格式文件)。

6. 练习使用压缩工具软件(如 WinRAR 或 7-Zip)压缩一个文件或文件夹,以及解压一个已被压缩的文件。

7. 练习使用计算机上的翻译软件(如有道词典或金山词霸)进行中文翻译为英文、英文翻译为中文的操作。

8. 练习使用 PDF 文档阅读程序(如福听阅读器或 Adobe Reader)阅读或打印 PDF 格式文件。

9. 练习使用视频播放器(如暴风影音)程序播放视频文件(如一部影片)。

10. 利用命令提示窗口来执行命令。打开命令提示窗口,通过执行命令"ipconfig / all"来查看本地计算机中使用的网卡的 MAC 地址,及配置的 IP 地址等信息。

操作指导:

单击"开始"按钮,执行"运行"命令,在弹出的"运行"对话框的"打开"文本框中输入 cmd。

3.3.4 实验四 在虚拟机中运行 Linux 操作系统

【实验目的】

1. 了解在虚拟机中启动和运行 Linux 操作系统。

2. 了解使用 NAT 方式实现虚拟机中 Linux 操作系统的正常上网。

3. 学习实现将 Windows 系统的文件夹在虚拟机的 Linux 系统中共享。

【实验内容】

1. 在 Windows 系统中打开 VMware Workstation 软件,找到已经安装好的 Linux 操作系统启动并运行。

操作指导:

本书以 RedFlag 6.0 SP2 的 Linux 版本为例来讲解。

(1) 在 Windows 系统平台上执行开始菜单的"所有程序"→"VMware"→"VMware Workstation",打开 VMware Workstation ACE Edition 窗口(如图 3.17 所示)。

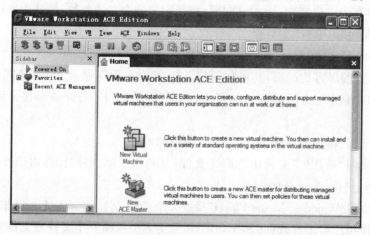

图 3.17　VMware Workstation ACE Edition 窗口

（2）执行窗口菜单的"File"→"Open"命令，在"打开"对话框中寻找已经安装的 Linux 执行文件"Other Linux 2.6.x kernel.vmx"后，单击"打开"按钮，就可以看到如图 3.18 所示的窗口内容。

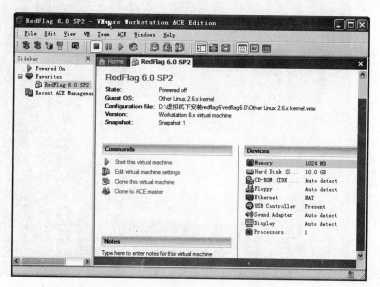

图 3.18　找到并打开了虚拟机下安装的 RedFlag 6.0 SP2 版本的 Linux 执行程序

（3）选择"RedFlag 6.0 SP2"选项卡，双击"Commands"下的"Start this virtual machine"命令去启动 Linux 操作系统。图 3.19 和图 3.20 分别显示了 Linux 系统的启动过程，在等候一个暂短的时间后，将可以看到 Linux 操作系统的用户登录界面，或是直接看到 Linux 操作系统的桌面。

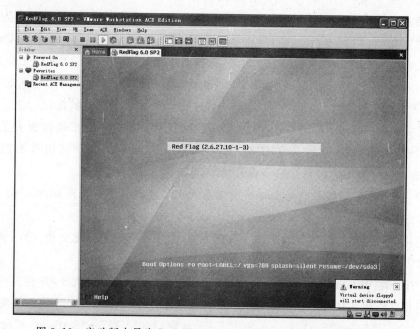

图 3.19　启动版本号为 Red Flag（2.6.27.10-1-3）的 Linux 操作系统

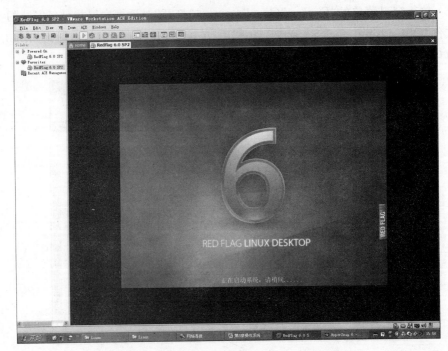

图 3.20　显示红旗 Linux 系统正在启动之中

2. 在虚拟机的 Linux 操作系统中实现网络连接。

操作指导：

除非当前的计算机有两个物理 IP 地址，可以将一个 IP 地址分配给当前的 Windows 操作系统，另一个 IP 地址分配给虚拟机的 Linux 操作系统，否则，两个操作系统就要共享同一个 IP 地址。本书采用后者方式，设置虚拟机的联网方式为 NAT。

执行 VMware Workstation ACE Edition 窗口的"Edit"→"Virtual Network Settings…"命令，打开"Virtual Network Editor"对话框，选择"NAT"选项卡。在"NAT"工作区中，将"VMnet host："设置为"VMnet8"（如图 3.21 所示），在"NAT service"工作区的"Service status："文本框中输入"Started"，单击"Start"按钮。最后单击"确定"按钮。

使用 Linux 系统平台工作时，为了实现联网操作，还要利用控制面板去重新配置 Linux 系统的网络参数，将网卡的"IP 设置"定义为选择"使用 DHCP"（如图 3.22 所示），最后按"确定"按钮，系统将自动刷新设置结果，重新建立网络连接。

3. 在 Windows 操作系统与 Linux 操作系统之间建立共享文件夹 myshare。

操作指导：

建立共享文件夹的目的是要在两个操作系统平台之间实现彼此交换文件，彼此间可以看到对方的文件，彼此间可以修改对方的文件等等。

（1）首先在 Windows 操作系统平台上，选择一个可写的磁盘区分，并在其中建立一个将用于共享使用的文件夹。例如，在 E 驱动器中建立取名为 myshare 的文件夹。

（2）执行 VMware Workstation ACE Edition 窗口的"VM"→"Settings…"命令，打开

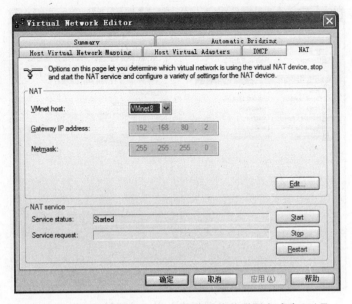

图 3.21　设置虚拟机下 Linux 操作系统的联网方式为 NAT

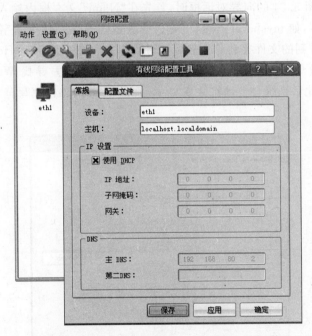

图 3.22　设置虚拟机中 Linux 系统的 eht1 网卡的 IP 为"使用 DHCP"

"Virtual Machine Settings"对话框,单击"Options"选项卡,在"Settings"列表中单击"Shared Folders"选项,使其呈现高亮的显示状态(如图 3.23 所示)。

　　(3) 然后在"Folder Sharing"工作区中单击"Always enabled"单选按钮。

　　(4) 在"Folders"工作区中单击"Add"按钮,利用打开的"Add Shared Folder Wizard"向导对话框,我们可以一步步地来添加和指定被共享的文件夹。

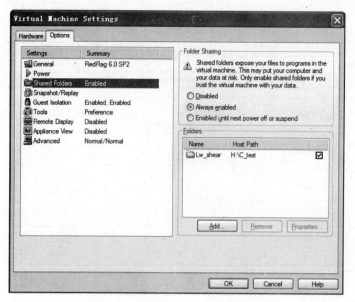

图 3.23　设置建立 Shared Folder

①　当出现如图 3.24 的向导对话框时，首先在"Name"文本框内输入一个名称来指定共享文件夹的名字，如 myshare（当然，也可以取其他的名字），这个名字将是一个只能够在 Linux 系统下看到的文件夹名称。然后填写共享文件夹的路径于"Host folder"的文本框中。也可以通过单击"Browse"按钮，借助"打开"对话框去寻找 Windows 系统下的 myshare 文件夹，此后系统会自动将共享文件夹 myshare 的路径填写至文本框中，最后单击"Next"按钮。

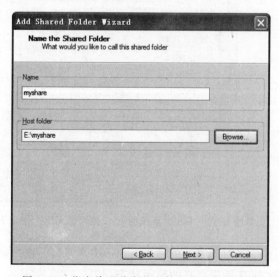

图 3.24　指定将要共享的文件夹的名字及路径

②　在向虚拟机的 Linux 操作系统开放 Windows 系统磁盘的共享文件夹时，可以根据具体情况来设置不同的使用权限。例如，可以允许对共享文件夹执行只读操作，而没有

修改和建立的权限,即只勾选"Read-only"选项;也可以授权给 Linux 系统对共享文件夹拥有全部的使用权限(如图 3.25 所示)。最后单击"Finish"按钮。

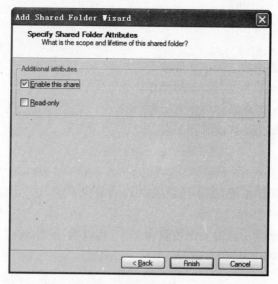

图 3.25　设置共享文件夹在虚拟机下 Linux 系统中访问权限

(5)当系统正常完成共享文件夹的设置过程后,系统将显示如图 3.26 所示的内容。如果要删除共享文件夹或者修改共享文件夹的属性,则可以单击按钮"Remove"或"Properties"。

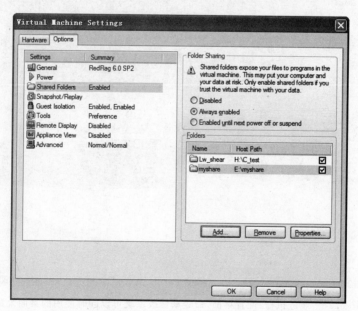

图 3.26　将 Windows 系统下 E 盘的 myshare 文件夹对虚拟机的系统共享

(6)在虚拟机的 Linux 操作系统中,被共享的文件夹 myshare 的完整路径及名称是:/mnt/hgfs/myshare。

3.3.5　实验五　掌握 Linux 操作系统的基本操作方法

【实验目的】

1. 熟悉 Linux 操作系统的桌面环境。
2. 学习利用桌面工具进行基本的操作。
3. 实现在 Linux 操作系统中正常上网。
4. 了解 Linux 操作系统的常用工具。

【实验内容】

1. 启动 Linux 操作系统，使用超级用户 root 登录系统，进入红旗 Linux 下的桌面环境，熟悉红旗 Linux 的"开始"菜单。

2. 配置 Linux 操作系统的桌面数量为 2 个，再改为 4 个，通过切换到不同的桌面来为不同的桌面设置不同的桌面背景。

操作指导：

如果要更改 Linux 操作系统的当前可用的桌面数量，则可以将鼠标指向桌面切换按钮区，单击鼠标右键，从弹出的快捷菜单（如图 3.27 所示）中执行"配置桌面"命令，在随后打开的"配置-KDE 控制模块"窗口中重新设置桌面的数量。

图 3.27　通过执行"配置桌面"命令来修改系统可以同时使用的桌面个数

如果要更换桌面的背景图片，则先要切换到某个桌面上，将鼠标指向桌面的空白区后，单击右键，在弹出的快捷菜单中执行"配置桌面"命令。或者执行"开始"→"设置"→"控制面板"去打开"ctrlpanel-控制面板"窗口，选择"观感配置"标签页，通过执行"背景"

图标命令可以更改当前桌面的背景。

3. 查看当前计算机系统的配置情况，包括 CPU 型号、内存大小、操作系统版本号等。

操作指导：

打开 Linux 操作系统的"控制面板"窗口，选择"系统配置"标签页，双击"系统信息"图标后，在打开的"系统信息"窗口中依次查看"概要信息"、"硬件信息"、"系统参数"和"分区信息"等。

4. 了解 Linux 操作系统的磁盘分区，查看当前计算机磁盘的分区情况。

操作指导：

首先我们来了解一下 Linux 操作系统是如何为磁盘分区命名的。

在 Linux 系统中，操作系统统一为每个硬件设备都设置一个称为设备文件名的特别名字。例如，主机箱中安装在第一个 IDE 端口上的硬盘（master 主硬盘），其设备文件名被设定为 /dev/hda，也就是说我们可以用"/dev/hda"来代表此硬盘。其中，"/dev/"表示所有设备所在的目录名，"hd"表示是 IDE 端口上的硬盘，"a"表示该硬盘是安放在第一个 IDE 端口上的。例如，/dev/hda2 是 Linux 操作系统下一个磁盘分区的完整名称，除 "/dev/"以外，分区名"hda2"代表的含义归纳如下：

（1）分区名的前两个字母"hd"表明分区所在设备的类型。通常使用 hd 或 sd 表示磁盘的类型。硬盘按端口类型可分为 IDE、SCSI、SATA。Linux 操作系统规定：IDE 端口上的磁盘用"hd"表示，SCSI 和 SATA 端口上的磁盘用"sd"表示。

（2）第三个字母"a"表明分区所在设备的端口。字母 a 指的是第一个端口，字母 b 指的是第二个端口，依次类推。

（3）最后的数字"2"代表分区编号。通常情况下，数字 1～4 用来表示主分区和扩展分区，主分区和扩展分区加在一起不超过 4 个。逻辑分区则从数字 5 开始。

所以，/dev/hda2 代表挂接在当前计算机 IDE 设备第一个端口的磁盘的第 2 个分区。

如果看到设备名为/dev/sdb5 的形式，则它表示的是当前计算机的 SCSI 设备第二个端口的磁盘的第一个逻辑分区。

通常，被插接在 USB 接口的设备，如 U 盘等，被 Linux 系统识别为/dev/sda、/dev/sdb 等。

Linux 操作系统中还有一个特殊的分区：swap 分区，也被称作交换分区，它是 Linux 系统的虚拟内存。

查看当前计算机磁盘分区情况的操作是：打开系统的控制面板，选择"系统配置"标签页，双击"分区工具"图标来打开驱动器信息窗口。

5. 在 Linux 的窗口界面中登录终端控制台，试一试执行 ls 命令来列出当前目录下的文件清单，及执行 fdisk 命令来显示磁盘的分区。

操作指导：

若用户直接以图形界面的方式登录 Linux 系统，则可以通过启动终端控制台来打开 Linux 的命令操作窗口，方法是执行"开始"→"实用工具"→"终端程序"命令。在打开的终端控制台界面窗口中，可以看到命令行提示符。如果是以 root 身份登录的，则看到的

提示符是以 # 结尾。如果是以其他普通用户身份登录的,则将看到命令行提示符以 $ 结尾。

通过在提示符后面输入 Linux 命令 ls、fdisk 来操纵计算机:

(1) 执行 ls 命令,列出当前目录的详细文件清单。

在提示符后面输入命令

ls － l <按回车键>

其中,ls 为命令名,-l 为命令参数,表示列出文件的详细信息。例如,图 3.28 为一次执行 ls 命令的运行结果。

图 3.28 在打开的终端控制台窗口中运行 ls 命令

(2) 执行 fdisk 命令,列出当前计算机磁盘及磁盘分区情况。

在提示符 # 后面输入命令

fdisk － l <按回车键>

其中,fdisk 是命令名,-l 为命令参数。图 3.29 显示了在某台计算机上运行该命令后,列出的该台计算机中挂接的所有磁盘及磁盘分区的信息。

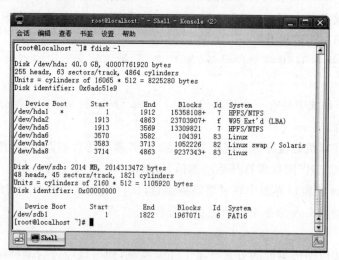

图 3.29 在打开的终端控制台窗口中运行 fdisk 命令

从图 3.29 中可以知道,在该计算机的第一个 IDE 接口上安装了一块容量为 40GB 的硬盘。该硬盘内包含一个名为/dev/hda1 的主分区,它也是一个引导分区。硬盘还包含另一个名为/dev/hda2 的扩展分区,这个扩展分区又被划分为了 4 个逻辑分区(/dev/hda5、/dev/hda6、/dev/hda7 和/dev/hda8),其中的第三个逻辑分区/dev/hda7 作为了 Linux 操作系统的 swap 区分。该计算机上还挂载了一个被命名为/dev/sdb 的磁盘,它的存储容量为 2GB(图中显示为 2014MB),其实它是一个插接在 USB 接口上的 U 盘,它只有一个主分区,其名称表示为/dev/sdb1。

6. 以超级用户身份登录 Linux 系统,利用控制面板工具管理用户和用户工作组。在 Linux 操作系统中建立一个普通用户。建立一个新的工作组(如 webusers),将刚刚建立的新用户加入到该工作组中。删除一个普通用户。删除一个工作组。

操作指导:

(1) 建立一个新用户,取名为"Lili"。

建立普通的新用户时,需要填写用户名、描述信息(可以省略)、密码等,也可以选择"无密码"。当然,使用无密码的用户登录系统是不安全的。

打开系统的控制面板,选择"系统配置"标签页,双击"本地用户和组"图标,打开"本地用户和组"窗口(如图 3.30 所示),执行该窗口的菜单命令"工具"→"添加新用户",系统弹出"增加新用户/用户信息"对话框。在对话框的"用户名"文本框中填写"Lili"(如图 3.31 所示),单击"继续"按钮。在随后弹出的"增加新用户/设置密码"对话框中建立密码信息(如图 3.32 所示),单击"继续"按钮。在弹出的"增加新用户/用户-组关系设置"对话框中,指定新用户将归属到哪个工作组。如果不指定用户组(如

图 3.30　利用控制面板来建立新用户和进行用户管理

图 3.33 所示），则系统会以新用户的名字为组名来创建一个新的用户组，并将新用户归属到这个新用户组中。单击“继续”按钮后，系统显示成功建立新用户的结果，如图 3.34 所示。

图 3.31　输入新建用户的名字

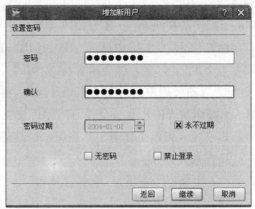

图 3.32　设置新用户的密码

图 3.33　设置新用户所属的工作组

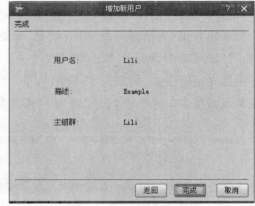

图 3.34　新用户已经建立成功

执行建立新用户时，操作系统将直接修改系统文件/etc/passwd，图 3.30 所示的“本地用户和组”窗口内“用户”选项卡的列表信息就是/etc/passwd 文件的内容，它是操作系统进行用户管理操作时使用的重要文件之一。Linux 系统的每个用户都在/etc/passwd文件中占有一个记录行，该记录行记载了与该用户有关的一系列基本属性。所有用户都可以读取/etc/passwd 文件，但只有超级用户对它有修改的权限。

为了检验新用户是否可以应用，现在执行“开始”→“注销”命令，注销当前用户（即root），使用刚建立的普通用户 Lili 登录 Linux 操作系统。最后重新使用超级用户 root 登录 Linux 系统。

（2）新建一个用户组 webusers，将新用户 Lili 编入该用户组，成为它的组员。

操作指导：

执行“本地用户和组”窗口的菜单命令“工具”→“添加新组群”，打开“增加新组群/新组群"对话框,在"组群名称"文本框中填入要建立的用户组名称"webusers",如图 3.35 所示,单击"继续"按钮。在弹出的"增加新组群/成员信息"对话框中,将用户 Lili"增加"至"组成员"区中(如图 3.36 所示),单击"继续"按钮,将看到新的用户组 webusers 中有一个名为 Lili 的用户已成为了组成员,如图 3.37 所示。最后单击"完成"按钮。

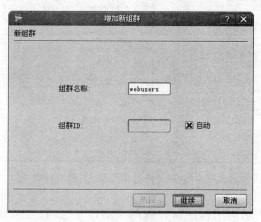

图 3.35　建立一个新的用户组

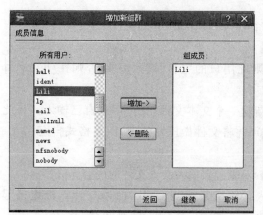

图 3.36　从用户表中选用户加入到新组中

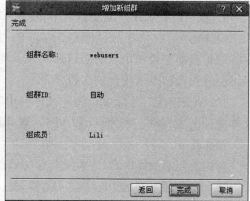

图 3.37　新组 webusers 的相关信息

(3) 删除用户 Lili;删除用户组 Lili;删除用户组 webusers。

打开"本地用户和组"窗口,在"用户"选项卡中,先选择要删除的用户 Lili,再执行菜单命令"工具"→"删除"即可。在"组"选项卡中,先选择要删除的组对象,如 Lili 或 webusers,再执行菜单命令"工具"→"删除"即可。

注意:超级用户 root 具有无限的权限。在进行练习的过程中,一定要谨慎执行修改和删除操作。如果要练习删除用户、用户组等操作,只允许删除自己建立的新用户和新用户组,对自己不熟悉的其他用户及工作组,不要随意删除和修改。

7. 利用桌面上的"我的电脑"打开"存储介质",列出本地计算机每个磁盘分区或文件夹中的文件清单。

例如,图 3.38 显示了/boot 目录下的所有文件。

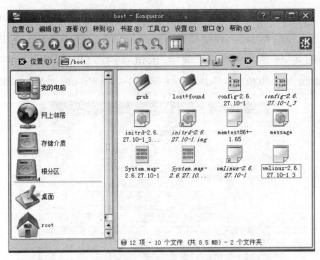

图 3.38　显示文件目录/boot 下的文件清单

8. 执行图 3.38 所示应用程序窗口内的菜单命令"查看"→"视图模式"→"细节列表视图"来显示文件清单,并练习"视图模式"内的其他命令,从而体会这些命令是如何控制磁盘文件列表的显示方式的。

9. 在当前登录用户的主目录中,建立一个名为"mypicture"的文件夹。

操作指导:

如果当前登录的用户是超级用户 root,则此用户的主目录为/root,否则在/home 目录下去寻找当前登录用户的主目录。

10. 在刚刚建立的 mypicture 文件夹中新建一个文本文件,文件内容自己输入。将此文本文件的主文件名改为自己的姓名(如 lili),并将文件做压缩处理,压缩格式自定。

操作指导:

可以利用系统提供的"文本编辑器"(KWrite)来编辑输入文本文件的内容。

11. 将自己的 U 盘(或移动存储器)插入计算机系统的 USB 端口,与计算机连接起来,将刚建立的压缩文件复制到 U 盘(或移动存储器)中,最后将 U 盘卸载。

12. 练习使用系统配备的常用工具"屏幕截图程序"来建立图片文件,分别将整个屏幕的图面截取下来生成图片文件,或只截取当前活动窗口的画面来生成图片文件,或截取由鼠标圈选区域的画面来生成图片文件,或截取窗口内某个局部对象来生成图片文件。例如,图 3.39 所示的画面中,截图程序实现了只截取红色方框中的内容。

13. 打开 Linux 操作系统的任务管理器,查看当前系统中有哪些应用程序已处在打开的状态下? 有哪些进程正在运行之中? 计算机的 CPU 的工作状态、内存的工作状态及工作效率如何?

14. 查看和执行 Linux 系统的网络配置,实现利用 Linux 系统的火狐浏览器上网。

操作指导:

打开系统的控制面板,选择"硬件配置"标签页,双击"网络配置"图标,打开"网络配置"窗口。或者执行"开始"→"设置"→"网络配置",同样可以打开"网络配置"窗口。

──────── 大学计算机基础习题与实验指导

图 3.39　利用屏幕截图程序来截取屏幕上的局部画面

当计算机设备中安装了有线网卡时,选择窗口内的"eth0"图标,执行窗口菜单的"动作"→"属性"命令后,可以打开"有线网络配置工具"对话框。如果计算机设备安装的是无线网卡,则可以打开"无线网络配置工具"对话框。

在"有线网络配置工具"对话框中输入 IP 地址、子网掩码、网关、DNS 等相关信息后,单击"确定"按钮关闭对话框,由系统自动执行连接过程。或者手工连接,选择"eth0"图标,执行窗口菜单的"动作"→"连接"即可。

如果网络连接成功,则打开火狐浏览器,登录某个官方网站,或打开腾讯 QQ 进行网上聊天。

15. 练习查找文件。例如,练习在指定的目录下查找文件;练习按时间查找文件,如查找当天建立或访问过的所有文件;练习按文件类型查找文件,如只查找图片文件;练习按文件内容来查找文件,如以文本文件内的某个文字或某段文字作为查找的线索。

操作指导:

执行"开始"→"查找文件/文件夹"命令,打开"查找文件/文件夹"窗口。图 3.40 显示了按指定时间查找指定时间段内曾访问过的所有文件的清单。

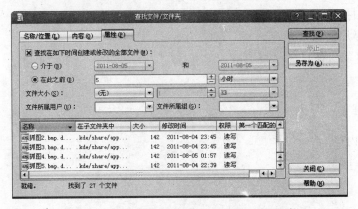

图 3.40　指定查找在某时间段内访问过的文件

16. 打开"终端程序"窗口,学习在终端控制台的命令行中执行 Linux 系统命令操纵计算机,练习的命令可参考表 3.1 中的内容。

表 3.1　Linux 操作系统的常用命令

命令名称	功　　能
cp	复制文件
rm	删除文件
tar	创建文件备份和文件归档
ps	查看目前程序执行的情况
top	查看目前程序执行的情况和内存使用的情况
kill	终止一个进程
date	更改或查看目前计算机的时间
vi	可以使用 vi 编辑器输入和编辑文本文件

有关上述命令的具体用法,可采取上网查询等方法进行自学和试用。

3.4　参考答案

(一)选择题

1. D　　2. C　　3. D　　4. B　　5. A　　6. B　　7. A　　8. C
9. D　　10. C　　11. B　　12. A　　13. B　　14. C　　15. B　　16. D
17. C　　18. A　　19. B　　20. D

(二)填空题

1. 若干任意字符
2. Ctrl+Alt+Del
3. Administrator
4. 磁盘清理
5. 磁盘扫描
6. 磁盘碎片整理
7. RAM(或内存)
8. F8
9. 进程
10. 文件
11. 虚拟内存
12. /dev/hdb

第 4 章　文字处理软件

文字处理软件的应用领域非常广泛,它可以帮助使用者进行文字编辑、文档排版、图文混排、制作表格,以及设置样式、生成目录、分节处理等功能。本章通过合理的实验编排,让读者在上机操作的过程中,熟练掌握文字处理软件的初级文字编辑、高级文字编辑以及图文混排等功能。

4.1　选择题

1. 在 Word 中,最多可以同时打开( )个文件。
   (A) 1　　　　　　(B) 2　　　　　　(C) 3　　　　　　(D) 受内存限制
2. 在 Word 中,选定全部文本的快捷键是( )。
   (A) Ctrl+O　　　(B) Ctrl+A　　　(C) Alt+O　　　(D) Alt+A
3. 在 Word 中,可以通过菜单命令、工具栏、( )和快捷键来执行命令。
   (A) 对话框　　　(B) 窗口　　　　(C) 快捷菜单　　(D) 选项卡
4. 如果希望在 Word 窗口中显示大纲工具栏,应该使用( )。
   (A) "文件"菜单　(B) "插入"菜单　(C) "视图"菜单　(D) "格式"菜单
5. 在 Word 中,不能插入的分节符是( )。
   (A) 下一页　　　(B) 连续　　　　(C) 奇数页　　　(D) 分段符
6. 在 Word 中,一个文档有 6 个段落,插入分隔符之后,文档有( )节。
   (A) 1　　　　　　(B) 2　　　　　　(C) 3　　　　　　(D) 6
7. 在选定区中,选中一行文字的操作是( )。
   (A) 单击鼠标左键　　　　　　　　(B) 双击鼠标左键
   (C) 三击鼠标左键　　　　　　　　(D) 单击鼠标右键
8. 在选定区中,选中一段文字的操作是( )。
   (A) 单击鼠标左键　　　　　　　　(B) 双击鼠标左键
   (C) 三击鼠标左键　　　　　　　　(D) 单击鼠标右键
9. 在选定区中,选中所有文字的操作是( )。
   (A) 单击鼠标左键　　　　　　　　(B) 双击鼠标左键
   (C) 三击鼠标左键　　　　　　　　(D) 单击鼠标右键
10. 在 Word 的( )中,可以对编辑区的内容使用所有的命令。
    (A) 普通视图　(B) Web 版式视图　(C) 页面视图　　(D) 大纲视图
11. 下列视图背景中,( )可以被打印出来。

(A) 单一颜色　　　(B) 渐变背景　　　(C) 纹理背景　　　(D) 水印

12. 下列选项中,(　　)不是字符间距的调整方法。

(A) 标准　　　(B) 加宽　　　(C) 紧缩　　　(D) 2 倍

13. 使文档内容沿各行的左右两边对齐的方式是(　　)。

(A) 左对齐　　　(B) 居中　　　(C) 右对齐　　　(D) 两端对齐

14. 将字符均匀地分布在一行上的对齐方式是(　　)。

(A) 左对齐　　　(B) 分散对齐　　　(C) 右对齐　　　(D) 两端对齐

15. 在 Word 中,软回车的作用是(　　)。

(A) 分段不换行　　　　　　　　　(B) 换行不分段

(C) 既换行又分段　　　　　　　　(D) 既不换行也不分段

16. 在 Word 中对文本进行分栏时,如果要设置各栏之间栏宽不相等,需要做的操作是(　　)。

(A) 使用常用工具栏中的分栏按钮　　　(B) 用格式菜单中的分栏命令

(C) 手动设置　　　　　　　　　　　　(D) 使用制表符

17. 格式工具栏中的格式刷的作用是(　　)。

(A) 复制文本　　　(B) 复制图片　　　(C) 复制格式　　　(D) 复制表格

18. 设置文字的对齐方式时,下列(　　)无法通过系统默认的格式工具栏进行设置。

(A) 左对齐　　　(B) 分散对齐　　　(C) 右对齐　　　(D) 两端对齐

19. 使用(　　)可以只设置某段中第一行的起始位置,而其他行不受影响。

(A) 首行缩进　　　(B) 左缩进　　　(C) 右缩进　　　(D) 悬挂缩进

20. 在 Word 的菜单命令中,如果后面出现"…",说明(　　)。

(A) 会弹出对话框　　　　　　　　(B) 会出现级联菜单

(C) 命令不可用　　　　　　　　　(D) 以上都不对

4.2　填空题

1. 段落的对齐方式包括左对齐、居中、右对齐、_____和_____。

2. 段落的特殊格式包括首行缩进和_____。

3. 首字下沉包括下沉和_____两种设置。

4. 设置页面背景时,可以选择单一颜色作为背景,也可以选择渐变、纹理、图案、_____等填充效果作为背景。

5. 文本框包括横排文本框和_____。

6. 表格中文字的对齐方式有_____种。

7. _____命令可以为跨页表格的每一页都添加一个标题行。

8. 常用工具栏中的_____按钮可以复制格式。

9. 使用"更新域"命令对目录进行更改时,可以选择只更新页码,也可以选择_____。

10. 分节符类型包括下一页、_____、偶数页、奇数页。

4.3 操作题

4.3.1 实验一 文字编辑和图文混排

【实验目的】

1. 掌握替换功能的操作方法。
2. 掌握格式排版的操作方法。
3. 掌握页面排版的操作方法。
4. 掌握图文混排的操作方法。
5. 掌握格式刷的操作方法。

【实验内容】

1. 建立一个新文档,将文件名保存为"文字排版1.doc"。
2. 在"文字排版1.doc"中输入如图4.1所示的文字。

计算机病毒
计算机作为收集、传播信息的工具,大大促进了人类社会的发展。但是,计算机病毒严重威胁着计算机系统的安全。计算机病毒的防治不仅仅是计算机专业人士需要关心的,普通的计算机使用者也要掌握一些必要的计算机病毒的预防知识和查杀方法。
1. 计算机病毒的定义
计算机病毒是一种人为制造的在计算机运行中对计算机信息或计算机系统起破坏作用的特殊程序。它可以隐藏在看起来无害的程序中,也可以生成自身的拷贝并插入到其他程序中。病毒通常会进行一些恶意的破坏活动或恶作剧,使用户的网络或信息系统遭受浩劫,具有相当大的破坏性。
2. 计算机病毒的特征
 (1) 隐蔽性: 病毒程序是人为特制的短小精悍的程序,不易被察觉和发现。
 (2) 潜伏性: 病毒具有依附其它媒体而寄生的能力。
 (3) 传播性: 源病毒可以是一个独立的程序体,它具有很强的再生机制。
 (4) 激发性: 在一定的条件下,通过外界刺激可使病毒程序活跃起来。
 (5) 破坏性: 病毒程序一旦加到当前运行的程序体上,就开始搜索可进行感染的其它程序,从而使病毒很快扩散到整个系统上。
3. 计算机病毒的分类
根据计算机病毒存在的媒体,可以划分为网络病毒、文件病毒和引导型病毒。网络病毒通过计算机网络进行传播,文件病毒感染计算机中的文件,引导型病毒感染启动扇区和硬盘的系统引导扇区。此外,有些病毒是这三种情况的混合型,例如,多型病毒(文件和引导型)感染文件和引导扇区两种目标,这样的病毒通常都具有复杂的算法,使用非常规的办法侵入系统,同时使用加密和变形算法。
4. 计算机感染病毒的症状
计算机感染病毒的症状比较多,例如,计算机工作时经常会莫名其妙地死机、蓝屏、突然重新启动、程序无法运行、磁盘突然爆满、系统经常报告内存空间不足、计算机无法从硬盘启动、机器启动时加电时间变长、已知文件的长度或内容被无端地更改、无端地丢失文件等。
5. 计算机病毒的防治
通过技术和管理两个方面的努力,计算机病毒是完全可以防范的。通常采用的方法是: 安装杀毒软件,并经常更新; 安装操作系统漏洞补丁(升级操作系统); 切断病毒感染源; 安装木马专杀工具; 安装防火墙软件; 对系统文件作备份。

图 4.1 实验一素材

注:图 4.1 中的内容是根据《大学计算机基础》(陈志泊主编,
清华大学出版社,2011)中第 10.1 节的内容改编的

3. 将文中的"病毒程序"替换为蓝色、斜体字"病毒"。

操作指导：

选择"编辑"→"替换"命令，会出现如图 4.2 所示的"查找和替换"对话框。在"查找内容"文本框中输入"病毒程序"，在"替换为"文本框中输入"病毒"，之后，选中"病毒"，通过"格式"按钮的下拉列表对替换的内容进行各种格式设置。

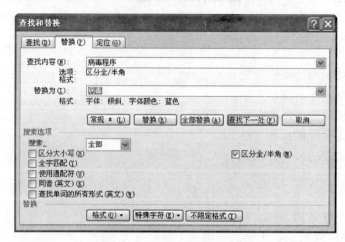

图 4.2　文字的查找与替换

4. 将文档标题"计算机病毒"进行"居中"显示，并且将其设置为艺术字，艺术字的样式和字体格式随意。

操作指导：

设置艺术字之前，要选中文字，注意不要选中文字后面的回车符。

5. 将正文中的文字设置为"首行缩进"2 字符，行距为"2 倍行距"。

6. 给文档标题"计算机病毒"下面的第一个自然段添加段落"边框和底纹"，其中，边框的线型为"单实线"，颜色为"红色"，宽度为"3 磅"；底纹的颜色为"黄色"，添加"5％样式"，样式的颜色为"蓝色"。

操作指导：

选中文字，之后，选择"格式"→"边框和底纹"命令，在弹出的"边框和底纹"对话框中，使用"边框"和"底纹"选项卡即可进行操作。其中，底纹的样式的添加方法如图 4.3 中的椭圆框所示。

7. 将第一个标题"1. 计算机病毒的定义"下面的一个段落进行"分栏"设置，分为"两栏"，栏间距为"1 个字符"，栏间要有"分隔线"。

8. 将第一个标题"1. 计算机病毒的定义"下面的一个段落进行"首字下沉"设置，下沉行数为"2 行"，字体为"华文行楷"，字体颜色随意。

9. 将第二个标题"2. 计算机病毒的特征"下面的编号(1)，(2)，(3)，(4)，(5)改为项目符号"■"。

操作指导：

选择"格式"→"项目符号和编号"，会弹出"项目符号和编号"对话框，使用其中的"项

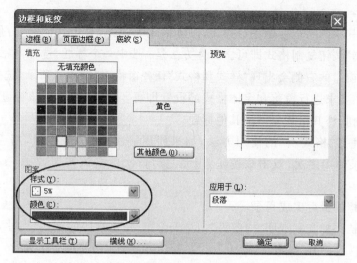

图 4.3　底纹样式的添加方法

目符号"选项卡可以添加项目符号,如果在默认的列表中找不到满意的符号,可以单击"自定义"按钮,在之后弹出的"自定义项目符号列表"对话框中选择其他的字符或者图片作为项目符号。

10. 给第三个标题"3. 计算机病毒的分类"下面的一个段落添加"横排"文本框,文本框的"线条"和"填充"颜色随意。

操作指导:

在需要添加文本框的文字后面添加一个空行,该空行中光标左对齐显示。之后,选中需要操作的文字,选择"插入"→"文本框"→"横排"命令。之后,双击文本框的边框,在弹出的"设置文本框格式"对话框中,将"版式"选项卡中的"环绕方式"改为"嵌入型"。同理,关于"线条"和"填充"颜色,在上述对话框中的"颜色与线条"选项卡中进行设置。

11. 在第四个标题"4. 计算机感染病毒的症状"下面的一个段落中插入与题目符合的"剪贴画"或者"来自文件"的图片,并且将其环绕方式设置为"四周型"。

12. 将第五个标题"5. 计算机病毒的防治"下面的一个段落中的文字的字体设置为"楷体",字体颜色为"绿色",字形为"加粗",此外,把上述文字设置为"空心字",带"着重号",字符间距为"加宽",加宽的磅值为"6 磅"。

操作指导:

选中文字之后,选择"格式"→"字体"命令,会弹出"字体"格式对话框,选择其中的"字体"选项卡,可以设置"空心字","着重号"等多种文字效果。选择"字符间距"选项卡,在"间距"列表中选择"加宽",调整"磅值"为"6 磅"。

13. 将正文中的五个标题"1. 计算机病毒的定义","2. 计算机病毒的特征","3. 计算机病毒的分类","4. 计算机感染病毒的症状","5. 计算机病毒的防治"设置为"标题 1"的样式和格式。并且,将每个标题的段落格式设置为"段前"和"段后"间距各"10 磅"。标题的字体,字号,字体颜色等格式随意。

操作指导：

可以先对其中的一个标题进行样式、段落格式等操作，对于其他标题，使用常用工具栏中的"格式刷"按钮复制格式即可。具体方法是：选中一个标题，选择"格式"→"样式和格式"命令，在窗口的右侧会出现"样式和格式"任务窗格，如图 4.4 所示，选择其中的标题 1，之后，再按照要求进行段落和字体格式的设置即可。之后，在选中该标题的情况下，双击"格式刷"按钮，将其格式复制给其他标题。

此外，要注意"格式刷"的使用方法，如果使用一次，单击该按钮，用完之后不用做任何操作；如果使用多次，双击该按钮，用完之后再次单击该按钮或按 Esc 键即可结束操作。

14. 在文档的最后生成目录。

15. 给文档添加文字水印，内容为"信息安全"。文字水印的字体，尺寸，颜色，版式等随意。

16. 设置奇偶页不同的"页眉和页脚"，奇数页的页眉为"计算机病毒"，偶数页的页眉为"病毒防治"，页脚的形式为"第 X 页 共 Y 页"。

操作指导：

设置奇偶页不同的页眉和页脚之前，先选择"文件"→"页面设置"，在弹出的"页面设置"对话框中选择"版式"选项卡，勾选其中的"奇偶页不同"复选框，如图 4.5 所示。

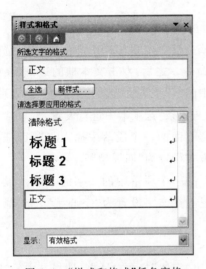

图 4.4 "样式和格式"任务窗格

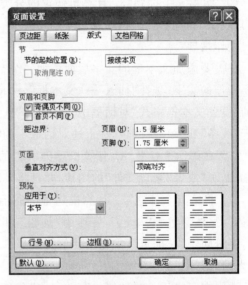

图 4.5 "页面设置"对话框中的"版式"选项卡

进行上述操作之后，选择"视图"→"页眉和页脚"，分别在奇数页和偶数页中各选一页进行操作即可。其中，页码的形式为"第 X 页 共 Y 页"的操作是使用的"页眉和页脚"工具栏中的插入"自动图文集"列表，如图 4.6 所示。

17. 进行页面设置，上、下、左、右页边距随意，文字内容方向为垂直排列。

18. 预览文档，保存文档。

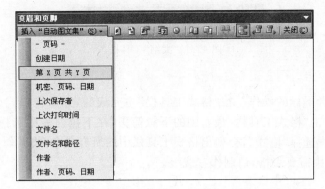

图 4.6 "页眉和页脚"工具栏中的插入"自动图文集"列表

4.3.2 实验二 高级编辑功能

【实验目的】

1. 掌握多级样式和格式的设置方法。
2. 掌握更新目录的操作方法。
3. 掌握分节的操作方法。
4. 掌握表格的制作方法。
5. 掌握流程图的制作方法。

【实验内容】

从网上下载一篇科技论文,该论文中要有文档标题;包含题目在内,至少包含 4 级标题;要有参考文献,而且正文中要有对参考文献标号的引用。之后,对论文做如下操作:

1. 将科技论文另存为"文字排版 2. doc"。
2. 根据自己的喜好对全文设置字体、字号等。
3. 除文档标题外,其余的内容设置为首行缩进"2 字符"。
4. 将文档标题设置为"标题 1"的样式和格式,并且将其设置为居中。
5. 将文档标题的下一级标题设置为"标题 2"的样式和格式。
6. 将上一步中标题的下一级标题设置为"标题 3"的样式和格式。
7. 将上一步中标题的下一级标题设置为"标题 4"的样式和格式,依此类推。

操作指导:

在"样式和格式"任务窗格的列表中,默认提供三种标题样式:"标题 1"、"标题 2"和"标题 3",从前到后标题的级别越来越低。如果要设置的标题格式不在列表中,比如需要设置"标题 4",可以先设置"标题 3",之后使用如图 4.7 所示的"大纲"工具栏中的"降低"按钮(右箭头表示的按钮)将其降为"标题 4"(在"大纲"工具栏中称为"4 级")即可。

8. 如果论文中参考文献标号的引用不是采用的上标形式,将其设置为上标的形式。

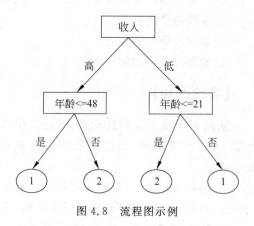

图 4.7 "大纲"工具栏

操作指导：

设置上标或者下标的操作是在"格式工具栏"中完成的，如果在格式工具栏中看不到这些命令，可以单击"格式工具栏"最右侧的下拉箭头，在下拉列表中选择"添加或删除按钮"，在级联菜单中选择"格式"，会列出格式工具栏中的所有命令，将其勾选即可。

9. 如果论文中需要表格，请制作三线表。

操作指导：

表 4.1 是一个三线表的示例。

制作三线表的方法是：首先，使用"表格"→"插入"→"表格"或者"表格"→"绘制表格"制作出带边框的表格；其次，选择表格，单击鼠标右键，在快捷菜单中选择"边框和底纹"，在弹出的"边框和底纹"对话框中只保留表格最上边和最下边的边框；最后，使用"表格"→"绘制表格"绘制出标题行下面的一条边框（即序号，年龄，收入，类别下面的一条线）。

10. 如果论文中需要流程图，请制作流程图。

操作指导：

图 4.8 是一个流程图的示例。

表 4.1 三线表示例

序号	年龄	收入	类别
1	30	高	1
2	25	高	1
3	21	低	2
4	43	高	1
5	18	低	2
6	33	低	1
7	29	低	1
8	55	高	2
9	48	高	1

图 4.8 流程图示例

制作流程图的方法是：

（1）图中的矩形框可以使用文本框，此外，图中的"高"、"低"、"是"、"否"也是写在文本框中的，只是这些文本框设置为"无线条颜色"；

（2）椭圆框使用"绘图"工具栏中的椭圆绘图工具，之后，单击鼠标右键，在快捷菜单中选择"添加文字"命令，即可添加文字，同理，带箭头的线条也可以在"绘图"工具栏中找到；

（3）将所做的流程图排列好之后，选中其中所有的部分，单击鼠标右键，在快捷菜单中选择"组合"命令，即可将它们组合成一个整体。

11. 在文章的最前面为文章生成目录。

操作指导：

选择"插入"→"引用"→"索引和目录"，会弹出"索引和目录"对话框，选择"目录"选项卡,如图 4.9 所示。在"显示级别"文本框中设置目录中可以显示的标题级别。例如,图 4.9 中"显示级别"文本框中的值设置为 4,表示目录中可以显示"标题 1"至"标题 4"。单击"确定"按钮,就可以生成所需目录。

对标题或者文档中的内容进行了增、删、改之后,目录也要随时更改,才能反映最新、最正确的内容。单击目录区域,单击鼠标右键,在快捷菜单中选择"更新域"命令,可以对目录进行更改,可以"只更新页码",也可以"更新整个目录"。

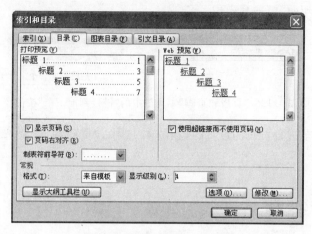

图 4.9 "索引和目录"对话框

12. 在目录的最后插入分节符,分节符的类型为"下一页",由此,文章被分成两节,第一节为文章的目录,第二节为文档本身,并从下一页开始显示。

13. 为第一节(目录部分)设置页眉和页脚,页眉的内容为"目录",居中显示;在页脚处插入页码,页码的数字格式为大写的罗马数字,居中显示。

操作指导:

对于页脚,选择"插入"→"页码"命令,会弹出如图 4.10 所示的"页码"对话框。在"位置"列表中选择"页面底端(页脚)",在"对齐方式"列表中选择"居中",选中"首页显示页码"复选框,此时,如果直接单击"确定"按钮,页码默认为小写的阿拉伯数字。

如果想要插入其他形式的页码,单击"格式"按钮,会弹出如图 4.11 所示的"页码格式"对话框。在"数字格式"列表中选择需要的页码格式,在"页码编排"中根据需要选择"续前节"或者设置"起始页码"。本实例选择"起始页码"为"I"。

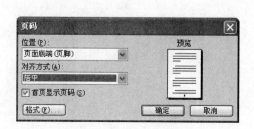

图 4.10 "页码"对话框

图 4.11 "页码格式"对话框

14. 为第二节(文档部分)设置奇偶页不同的页眉,页脚处插入页码,页码的数字格式为阿拉伯数字,从"1"开始。

操作指导:

为第二节设置页眉和页脚时,当"页眉和页脚"工具栏中的"链接到前一个"按钮处于起作用的状态时(如图4.12所示),说明对第二节进行页眉和页脚的操作,会受到第一节操作的影响,容易造成混淆。为了避免各节之间相互影响,如果该按钮处于起作用的状态,就应该单击该按钮,取消其作用。

链接到前一个

图4.12 "页眉和页脚"工具栏中的"链接到前一个"按钮

此外,在第二节进行页码的设置时,在图4.11中,"页码编排"要选择"起始页码",而不是"续前节"。

4.4 参考答案

(一)选择题

1. D   2. B   3. C   4. C   5. D   6. A   7. A   8. B
9. C   10. C   11. D   12. D   13. D   14. B   15. B   16. B
17. C   18. A   19. A   20. A

(二)填空题

1. 两端对齐 分散对齐
2. 悬挂缩进
3. 悬挂
4. 图片
5. 竖排文本框
6. 9
7. 标题行重复
8. 格式刷
9. 更新整个目录
10. 连续

第 5 章 电子表格处理软件

数据处理是办公自动化中比较重要的工作,电子表格处理软件可以帮助使用者完成数据处理工作。电子表格处理软件可以进行工作表的基本操作、使用公式与函数进行数值计算、将数据转换为图表形式、进行数据分析等。本章通过合理的实验编排,让读者在上机操作的过程中,熟练掌握电子表格处理软件的基本操作、数值计算,图表分析和数据分析等功能。

5.1 选择题

1. Microsoft Excel 2003 默认打开( )个工作表。
   - (A) 1
   - (B) 2
   - (C) 3
   - (D) 4

2. 单元格区域 A3:B6 包含( )个单元格。
   - (A) 2
   - (B) 4
   - (C) 6
   - (D) 8

3. 使用快捷键( ),可以选中所有的单元格。
   - (A) Ctrl+A
   - (B) Alt+A
   - (C) Ctrl+O
   - (D) Alt+O

4. 如果工作表的第一行被隐藏,取消隐藏时,( ),之后在第二行上单击鼠标右键,在快捷菜单中选择"取消隐藏"命令即可。
   - (A) 选择第二行
   - (B) 选择所有单元格
   - (C) 什么也不选
   - (D) 以上都不对

5. 如果要在单元格中输入分数 1/6,需要执行的操作是( )。
   - (A) 输入 1/6
   - (B) 先输入空格,再输入 1/6
   - (C) 输入'1/6
   - (D) 先输入 0,其次输入空格,再输入 1/6

6. 输入数字文本时,首先要输入( )。
   - (A) 单引号
   - (B) 双引号
   - (C) 小括号
   - (D) 大于号

7. 输入整数时,如果位数超过 11 位,系统将( )。
   - (A) 原样显示
   - (B) 采用科学计数法
   - (C) 四舍五入
   - (D) 以上都不对

8. 对于包含数字的某个单元格,按住 Ctrl 键的同时,拖动填充柄,产生的数值序列会依次( )。
   - (A) 累乘
   - (B) 累加
   - (C) 不变
   - (D) 以上都不对

9. 对数值序列,选中起始的两个单元格,拖动填充柄,则拖动过的部分以相应的步长累加填充,步长是两个单元格中的值的(　　)。

(A) 和　　　　　　(B) 差　　　　　　(C) 积　　　　　　(D) 商

10. 在单元格中输入公式时,要以(　　)开始。

(A) 单引号　　　(B) 大于号　　　(C) 小于号　　　(D) 等号

11. IF 函数包括(　　)个参数。

(A) 1　　　　　　(B) 2　　　　　　(C) 3　　　　　　(D) 4

12. 计算满足条件的单元格的个数时,使用(　　)函数。

(A) COUNT　　　(B) COUNTIF　　　(C) IF　　　(D) COUNTA

13. 公式或者函数中,单元格的行号和列号前面都加了"＄",称为(　　)。

(A) 相对引用　　　　　　　　　(B) 绝对引用

(C) 混合引用　　　　　　　　　(D) 引用其他工作表的内容

14. 对数据进行自动筛选,满足条件的数据被显示,不满足条件的数据(　　)。

(A) 被暂时隐藏起来　　　　　　(B) 被删除

(C) 原样显示　　　　　　　　　(D) 以上都不对

15. 按照哪个关键字进行分类汇总,就要先以哪个关键字进行(　　)。

(A) 排序　　　　(B) 筛选　　　　(C) 图表分析　　　(D) 计算

16. "条件格式"的作用是(　　)。

(A) 将符合条件的值按照给定的格式显示

(B) 对符合条件的值进行计算

(C) 对符合条件的值设定格式

(D) 删除不符合条件的值

17. 在 A1 单元格内输入 1,选中 A1 单元格,按住 Ctrl 键的同时,拖动填充柄,则 A2 的内容是(　　)。

(A) 1　　　　　　(B) 2　　　　　　(C) 3　　　　　　(D) 4

18. 在 A1 和 A2 单元格内分别输入 1 和 2,同时选中两个单元格,然后拖动 A2 单元格的填充柄向下,则 A3 和 A4 的内容是(　　)。

(A) 1,2　　　　　(B) 2,3　　　　　(C) 3,4　　　　　(D) 3,6

19. 在 Excel 的某个单元格中,如果输入 0123,则显示的内容是(　　)。

(A) 0123,左对齐显示　　　　　(B) 0123,右对齐显示

(C) 123,左对齐显示　　　　　　(D) 123,右对齐显示

20. 在 Excel 的单元格中若显示"＃DIV/0!",则表示(　　)。

(A) 数据输入错误　　　　　　　(B) 数据格式错误

(C) 除数为 0　　　　　　　　　(D) 以上都不对

5.2　填空题

1. 单元格的名称是由它所在的列号和_____组成的。

2. 被隐藏的行或者列是第一行或者第一列时,需要先选定_____,再进行取消隐

藏的操作。

3. 输入身份证号码、邮政编码、学号等数字文本时,要在数码前输入_____。

4. 实现单元格的合并功能是在"单元格格式"对话框的_____选项卡中完成的。

5. 填充柄可以完成自动填充和_____。

6. 单元格引用包括相对引用、_____、_____和引用其他工作表的内容。

7. 在公式或者函数中,如果某个或者某些单元格的行号和列号前面都加了_____符号,称为绝对引用。

8. 对数据进行排序时,当一个关键字不能进行完全排序时,需要_____。

9. 对数据进行自动筛选之后,满足条件的数据被显示,不满足条件的数据被暂时_____起来。

10. 对数据进行分类汇总时,按照哪个关键字进行分类汇总,就要先以哪个关键字进行_____。

5.3 操作题

5.3.1 实验一 制作成绩单

【实验目的】

1. 掌握各种数据的输入方法。
2. 掌握数据表和单元格的操作方法。
3. 掌握填充柄的使用方法。
4. 掌握公式和常用函数的使用方法。
5. 掌握图表的制作方法。
6. 掌握工作表的修饰方法。

【实验内容】

1. 建立一个新工作簿,将文件名保存为"电子表格 1. xls"。

2. 在"电子表格 1. xls"的 Sheet1 工作表中输入如图 5.1 所示的数据。

操作指导:

第 C 列中各位学生的学号是数字文本,而且第一位为数字 0,如果直接输入,不会显示第一位的数字 0。因此,要在输入学号之前,先输入英文状态的单引号"'"。在 C2 单元格输入第一位学生的学号,利用其填充柄,可以将其余学生的学号拖出。

3. 将 Sheet1 工作表的名字改为"成绩单"。

4. 在"成绩单"工作表中,制作出如图 5.2 所示的效果。

操作指导:

(1) 在图 5.1 的第 1 行前插入两个空行,在 A1 单元格中输入"北京林业大学 2004—2005 学年第二学期成绩单",之后,将 A1:H1 进行单元格合并,并且设置水平居中

	A	B	C	D	E	F	G	H
1	序号	班级	学号	姓名	总评	期末	平时小计	备注
2	1	建筑04	040334401	孙小津		69	95	
3	2	建筑04	040334402	胡君		82	87	
4	3	建筑04	040334403	费俊		67	85	
5	4	建筑04	040334404	陈晨		66	95	
6	5	建筑04	040334405	何文文		55	60	
7	6	建筑04	040334406	熊小平		78	76	
8	7	建筑04	040334407	兰兰		57	66	
9	8	建筑04	040334408	赵冰		67	71	
10	9	建筑04	040334409	王大龙		84	72	
11	10	建筑04	040334410	周爽		81	90	
12	11	建筑04	040334411	何君		67	66	
13	12	建筑04	040334412	姚志刚		87	77	
14	13	建筑04	040334413	陆阳阳		88	66	
15	14	建筑04	040334414	刘峰		88	100	
16	15	建筑04	040334415	陈兵		67	97	
17	16	建筑04	040334416	罗春		67	97	
18	17	建筑04	040334417	李建新		81	88	
19	18	建筑04	040334418	赵刚		81	98	
20	19	建筑04	040334419	张树		72	97	
21	20	建筑04	040334420	包小娜		81	88	
22	21	建筑04	040334421	李丹		79	94	
23	22	建筑04	040334422	郭婷		67	86	
24	23	建筑04	040334423	田苗		80	95	
25	24	建筑04	040334424	李娜娜		82	87	
26	25	建筑04	040334425	王晓义		78	97	
27	26	建筑04	040334426	赵玉		74	83	
28	27	建筑04	040334427	郑辉		75	84	
29	28	建筑04	040334428	苗壮壮		77	93	
30	29	建筑04	040334429	付晓锋		44	86	
31	30	建筑04	040334430	魏小凡		81	75	

图5.1　实验一素材

北京林业大学2004—2005学年第二学期成绩单

课名：计算机应用基础　　　　课程代码：J08a0005t1　　　　教师：韩慧

序号	班级	学号	姓名	总评	期末	平时小计	备注
1	建筑04	040334401	孙 小 津	77	69	95	
2	建筑04	040334402	胡 君	84	82	87	
3	建筑04	040334403	费 俊	72	67	85	
4	建筑04	040334404	陈 晨	75	66	95	
5	建筑04	040334405	何 文 文	57	55	60	
6	建筑04	040334406	熊 小 平	77	78	76	
7	建筑04	040334407	兰 兰	60	57	66	
8	建筑04	040334408	赵 冰	68	67	71	
9	建筑04	040334409	王 大 龙	80	84	72	
10	建筑04	040334410	周 爽	84	81	90	
11	建筑04	040334411	何 君	67	67	66	
12	建筑04	040334412	姚 志 刚	84	87	77	
13	建筑04	040334413	陆 阳 阳	81	88	66	
14	建筑04	040334414	刘 峰	92	88	100	
15	建筑04	040334415	陈 兵	76	67	97	
16	建筑04	040334416	罗 春	76	67	97	
17	建筑04	040334417	李 建 新	83	81	88	
18	建筑04	040334418	赵 刚	86	81	98	
19	建筑04	040334419	张 树	80	72	97	
20	建筑04	040334420	包 小 娜	83	81	88	
21	建筑04	040334421	李 丹	84	79	94	
22	建筑04	040334422	郭 婷	73	67	86	
23	建筑04	040334423	田 苗	85	80	95	
24	建筑04	040334424	李 娜 娜	84	82	87	
25	建筑04	040334425	王 晓 义	84	78	97	
26	建筑04	040334426	赵 玉	77	74	83	
27	建筑04	040334427	郑 辉	78	75	84	
28	建筑04	040334428	苗 壮 壮	82	77	93	
29	建筑04	040334429	付 晓 锋	57	44	86	
30	建筑04	040334430	魏 小 凡	79	81	75	

学时/学分：48/3　　不及格人数：2　　教师：_____　　教研室主任：_____

图5.2　成绩单效果图

和垂直居中，并且设置适合的字体、字号等格式。同理，在第2行的合适的位置分别输入课名、课程代码、教师等信息，并进行单元格合并。

（2）在第34行的合适的位置输入图5.2最后一行所示的信息（其中，“不及格人数”后面的“2”不要输入，是后续操作中用函数或者公式计算出来的），并进行单元格合并。注意，这一行中的横线可以使用“绘图”工具栏中的直线工具做出。

（3）计算总评：总评＝0.7＊期末＋0.3＊平时小计，并且不保留小数位。具体操作方法是：在E4单元格中计算第一位学生的总评成绩，其中的公式为：＝ROUND(0.7＊F4＋0.3＊G4,0)，其中，ROUND函数的作用是，按照指定的位数（第二个参数）对数值（第一个参数）进行四舍五入。通过E4单元格的填充柄，可以计算出其他学生的总评成绩。

（4）在D34单元格中计算总评不及格的人数，使用COUNTIF函数，D34中的公式为：＝COUNTIF(E4:E33,"＜60")。

（5）选择A3:H33，添加如图5.2所示的内边框和外边框。

（6）将各位学生的姓名，设置为水平“分散对齐”。

5. 将Sheet2工作表的名字改为“试卷分析表”。

6. 在“试卷分析表”工作表中，制作出如图5.3所示的效果。

北京林业大学期末考试试卷分析表

考试科目	计算机应用基础		考试方式	开卷□	闭卷☑
考试时间	2005年7月2日		填表时间	2005年7月8日	
考试班级	建筑04		考生人数	30	
最高分	88	最低分	44	平均分	74
及格率	90.00%	不及格人数	3	客观题比例	50%
各个分数段人数					
<50	50~59	60~69	70~79	80~89	90~100
1	2	8	7	12	0

学生答题情况

前60分钟交卷人数：0

前90分钟交卷人数：30

基础知识题比例：80%

综合分析题比例：16%

提高题比例：4%

其他说明：

学生成绩分布图

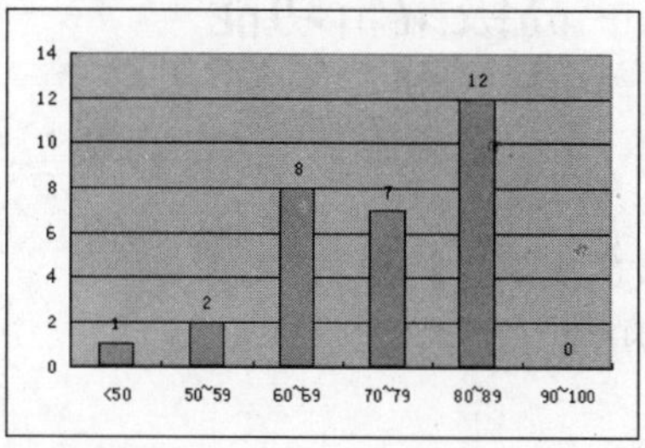

本试卷存在的问题和需要改进的地方：

教师签字		教研室主任签字	

填表说明：本表格每门考试科目填写两份，各项目必须填写，一份随考试试卷装订保存备查，一份随成绩单交院系办公室。

图5.3 试卷分析表效果图

操作指导：

（1）从图 5.3 中 6 个分数段所在的单元格可以看出，试卷分析表共占 6 列，区别之处在于有的行的某些单元格需要进行合并，有些行不需要进行合并。此外，在具体操作过程中，可以根据需要调整行高或者列宽。

（2）图 5.3 中"开卷"，"闭卷"后面的符号"□"和"☑"可以通过"插入"→"符号"来插入。

（3）图 5.3 中，"考生人数"，"最高分"，"最低分"，"平均分"，"及格率"，"不及格人数"，"各个分数段人数"中的数字要用公式或者函数计算出来，不是直接填上的数字。而且，上述指标所对应的数字都是通过另一个工作表"成绩单"中的"期末"成绩计算出来的，这涉及到引用其他工作表中的内容，请参考《大学计算机基础》(陈志泊主编，清华大学出版社，2011)第 5.4 节中的第 4 点。

（4）各个分数段人数的计算公式如下：

<50(A9 单元格)：=COUNTIF(成绩单!F4:F33,"<50")

50～59(B9 单元格)：=COUNTIF(成绩单!F4:F33,"<60")-A9

60～69(C9 单元格)：=COUNTIF(成绩单!F4:F33,"<70")-B9-A9

70～79(D9 单元格)：=COUNTIF(成绩单!F4:F33,"<80")-C9-B9-A9

80～89(E9 单元格)：=COUNTIF(成绩单!F4:F33,"<90")-D9-C9-B9-A9

90～100(F9 单元格)：=COUNTIF(成绩单!F4:F33,">=90")

上述公式中的"成绩单!单元格区域"表示在"试卷分析表"工作表中引用了"成绩单"工作表中的数据。

（5）学生成绩分布图是依照"各个分数段人数"制作出来的。

7. 预览两个工作表。

8. 保存工作簿。

5.3.2 实验二 高级编辑功能

【实验目的】

1. 掌握 IF 函数的嵌套的使用方法。

2. 掌握数据分析的操作方法。

【实验内容】

1. 建立一个新工作簿，将文件名保存为"电子表格 2.xls"。

2. 在"电子表格 2.xls"的 Sheet1 工作表中输入如图 5.4 所示的数据。

	A	B	C	D	E	F	G	H	I	J
1	学号	班级	姓名	数学	英语	计算机	总分	平均分	数学等级	英语等级
2	090126101	信息.09	李硕	93	86	80				
3	090126102	金融09	刘洋	50	68	66				
4	090126103	金融09	王刚	80	46	70				
5	090126104	金融09	陈晨	88	70	90				
6	090126105	信息.09	刘晓明	60	70	86				
7	090126106	统计09	赵乐乐	88	90	96				
8	090126107	统计09	李静	80	70	76				
9	090126108	统计09	周林	83	50	46				
10	090126109	信息.09	马晓杰	50	66	70				

图 5.4 实验二素材

3．计算各位学生的"总分"和"平均分"。

4．计算各位学生的"数学等级"，如果数学成绩大于或者等于60，则等级为"合格"，否则，等级为"不合格"。

操作指导：

（1）使用 IF 函数在 I2 单元格中计算第一位学生的"数学等级"，该单元格中的公式为：＝IF(D2＞＝60,"合格","不合格")。

（2）通过 I2 单元格的填充柄，可以计算出其他学生的数学等级。

5．计算各位学生的"英语等级"，如果英语成绩小于60，则等级为"不合格"；如果英语成绩大于或者等于60，并且小于80，则等级为"合格"，如果英语成绩大于或者等于80，则等级为"优"。

操作指导：

（1）使用 IF 函数的嵌套在 J2 单元格中计算第一位学生的"英语等级"，该单元格中的公式为：＝IF(E2＜60,"不合格",IF(E2＜80,"合格","优"))。

（2）通过 J2 单元格的填充柄，可以计算出其他学生的英语等级。

6．利用"格式"→"条件格式"将 D2:F10 单元格区域中不及格的分数设置为红色斜体字。

7．进行自动筛选，只显示英语成绩在70分以上，并且数学成绩在80分以上的学生，最后将这些学生的信息用蓝色粗体字的形式显示。

8．取消自动筛选。

9．按班级分类汇总"总分"、"平均分"的平均值。

操作指导：

（1）在分类汇总之前，需要按分类字段进行排序。在本题中，要求按班级分类汇总，则需要对分类字段"班级"进行排序（选中 A1:J10 单元格区域，之后按班级排序），升序、降序都可以。

（2）选择"数据"→"分类汇总"命令，会弹出如图5.5所示的"分类汇总"对话框，在该对话框中，按照题目要求选择"分类字段"、"汇总方式"、"选定汇总项"等，单击"确定"，完成操作。

图5.5 "分类汇总"对话框

10. 根据自己的喜好修饰表格，保存工作簿。

5.4 参考答案

（一）选择题

1. C   2. D   3. A   4. B   5. D   6. A   7. B   8. B
9. B   10. D   11. C   12. B   13. B   14. A   15. A   16. A
17. B   18. C   19. D   20. C

（二）填空题

1. 行号
2. 所有单元格
3. 单引号
4. 对齐
5. 序列填充
6. 绝对引用　混合引用
7. $
8. 多关键字排序
9. 隐藏
10. 排序

第 **6** 章 演示文稿制作软件

　　演示文稿制作软件可以帮助使用者完成制作幻灯片的工作,包括选择幻灯片模板、选择幻灯片版式、设计母版等基本操作,向幻灯片中添加文本、图表、多媒体对象,设置幻灯片动画和幻灯片放映方式等。本章通过合理的实验编排,让读者在上机操作的过程中,熟练掌握演示文稿制作软件的基本设置、内容设置、动画设置和放映方法等功能。

6.1 选择题

1. 下列选项中,(　　)不是演示文稿制作软件的视图方式。
   - (A) 大纲视图
   - (B) 幻灯片视图
   - (C) 页面视图
   - (D) 普通视图
2. 在(　　)中,可以对幻灯片做所有的操作。
   - (A) 大纲视图
   - (B) 幻灯片视图
   - (C) 普通视图
   - (D) 幻灯片浏览视图
3. 选择幻灯片模板的操作是(　　)
   - (A) 格式→幻灯片设计
   - (B) 格式→幻灯片版式
   - (C) 格式→背景
   - (D) 以上都不对
4. 设计幻灯片中内容的排列方式的操作是(　　)
   - (A) 格式→幻灯片设计
   - (B) 格式→幻灯片版式
   - (C) 格式→背景
   - (D) 以上都不对
5. 以下(　　)不属于幻灯片版式。
   - (A) 文字版式
   - (B) 内容版式
   - (C) 文字和内容版式
   - (D) 文本框
6. 第一张幻灯片叫做(　　)。
   - (A) 标题幻灯片
   - (B) 内容幻灯片
   - (C) 母版
   - (D) 模板
7. 幻灯片母版有(　　)张。
   - (A) 1
   - (B) 2
   - (C) 3
   - (D) 4
8. 标题母版对(　　)起作用。
   - (A) 标题幻灯片
   - (B) 所有幻灯片
   - (C) 除标题幻灯片之外的所有幻灯片
   - (D) 以上都不对
9. 动画方案对幻灯片中的(　　)起作用。
   - (A) 文字
   - (B) 图片
   - (C) 文字和图片
   - (D) 以上都不对

10. 下列选项中,(　　)不属于自定义动画的添加效果。

    (A) 进入　　　　　(B) 退出　　　　　(C) 绘图　　　　　(D) 强调

11. 下列选项中,(　　)不属于幻灯片的放映类型。

    (A) 演讲者放映　　(B) 观众自行浏览　(C) 在展台浏览　　(D) 自定义放映

12. 在幻灯片视图中,用户不能进行的操作是(　　)。

    (A) 插入幻灯片　　　　　　　　　(B) 删除幻灯片

    (C) 修改幻灯片内容　　　　　　　(D) 复制幻灯片

13. 在大纲视图中,可以看到幻灯片中的(　　)。

    (A) 占位符中的文本　　　　　　　(B) 图片

    (C) 用户自己加入的文本框中的文本　(D) 所有文本和图片

14. 幻灯片之间的切换效果是由放映菜单中的(　　)来实现的。

    (A) 动作设置　　　(B) 自定义动画　　(C) 动画预览　　　(D) 幻灯片切换

15. 在文字版式中,可以直接插入的是(　　)。

    (A) 图示　　　　　(B) 图片　　　　　(C) 表格　　　　　(D) 文字

16. 在内容版式中,(　　)不能直接输入。

    (A) 图示　　　　　(B) 图片　　　　　(C) 表格　　　　　(D) 文字

17. 以下视图中,(　　)可以查看幻灯片的切换设置。

    (A) 大纲视图　　　　　　　　　　(B) 幻灯片视图

    (C) 页面视图　　　　　　　　　　(D) 幻灯片浏览视图

18. 幻灯片中母版的作用是(　　)。

    (A) 一致的幻灯片风格　　　　　　(B) 一致的页眉和页脚

    (C) 一致的背景图片　　　　　　　(D) 一致的页码设置

19. 放映幻灯片时,(　　)。

    (A) 备注区的内容不显示

    (B) 备注区的内容被显示

    (C) 备注区的内容可以显示,也可以不显示

    (D) 以上都不对

20. 如果让演示文稿在不安装演示文稿制作软件的机器上也能正常播放,可以将演示文稿另存为的文件格式为(　　)

    (A) .ppt　　　　　(B) .pps　　　　　(C) .mp3　　　　　(D) .wav

6.2　填空题

1. 演示文稿制作软件包括五个视图:大纲视图、_____、_____、幻灯片浏览视图和幻灯片放映视图。

2. 只有在_____中,才能对幻灯片做所有的操作,其他视图只能做部分操作。

3. "幻灯片版式"任务窗格中提供了多种幻灯片版式,包括:_____、_____、文

字和内容版式以及其他版式等。

4. 文字版式中,幻灯片中只排列 _____,可以横排,也可以竖排。

5. 给幻灯片插入日期和时间时,如果选择_____,则每次放映幻灯片的时候,幻灯片中显示的都是当前时间。

6. 母版有两张:内容母版和_____。

7. 在幻灯片中插入声音文件的方法是,选择"插入"→"影片和声音",在级联菜单中选择_____命令。

8. 自定义动画的添加效果包括四种类型:进入、_____、_____、动作路径。

9. 选择"幻灯片放映"→_____命令,可以设置放映类型、放映幻灯片的范围、放映选项、换片方式等。

10. 设置放映方式时,放映类型包括:演讲者放映、_____和在展台浏览。

6.3 操作题

【实验目的】

1. 掌握幻灯片的基本设置。
2. 掌握幻灯片的内容设置。
3. 掌握幻灯片的动画设置。
4. 掌握幻灯片的放映方法。

【实验内容】

1. 新建一个演示文稿,将文件名保存为"制作幻灯片.ppt"。
2. 选择一个自己喜欢的模板。

操作指导:

选择"格式"→"幻灯片设计",在"幻灯片设计"任务窗格中的"设计模板"列表中选择一款模板。此外,也可以利用网络等资源查找适合自己的模板。

3. 如果对第2步中的模板不满意,可以在已有模板的基础上进行更改,设计出适合主题的幻灯片母板。

操作指导:

选择"视图"→"母版"→"幻灯片母版",会出现"幻灯片母版"的窗口界面,如图6.1所示。在内容母版和标题母版中,都可以设置各部分的字体格式,可以改变"日期区"、"页脚区"、"数字区"的摆放位置,还可以在母版中插入自己喜欢的图片作为新模板的标志。

4. 制作每张幻灯片时,根据需要选择适合的幻灯片版式。

操作指导:

选择"格式"→"幻灯片版式",在"幻灯片版式"任务窗格中提供了多种幻灯片版式,包括"文字版式"、"内容版式"、"文字和内容版式"等。

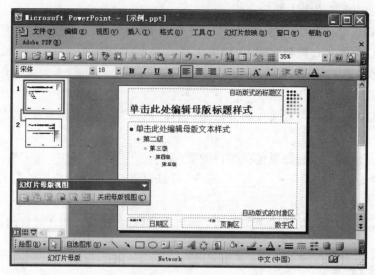

图 6.1 "幻灯片母版"窗口界面

5. 除了第 2 步或者第 3 步中选择的统一模板,有时根据需要可能要给某些幻灯片更换背景。

操作指导:

给幻灯片更换背景的方法如下。

(1) 选择"格式"→"背景",会弹出"背景"对话框,如图 6.2 所示。如果选中"忽略母版的背景图形"复选框,则更换背景之后,不会保留原来模板中的背景图形,否则,即使更换了新的背景,还会保留原来模板中的某些背景图形。此外,更换背景之后,如果单击"全部应用"按钮,则所有幻灯片都被更换背景,如果单击"应用"按钮,只有当前幻灯片被更换背景。

(2) 打开图 6.2 的"背景填充"下拉列表,如图 6.3 所示。

图 6.2 "背景"对话框

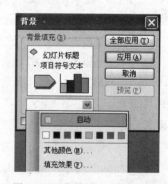

图 6.3 "背景填充"下拉列表

可以更换单一颜色的背景,也可以更换其他的填充效果。单击该列表中的"填充效果"命令,会弹出"填充效果"对话框,如图 6.4 所示。可以选择"渐变","纹理","图案","图片"等作为新的背景。

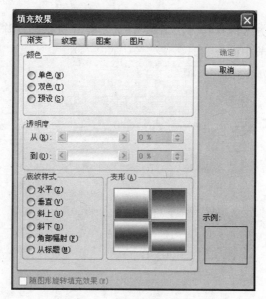

图 6.4 "填充效果"对话框

6. 如果需要,可以在幻灯片中插入日期和时间、幻灯片编号(页码)和页脚。

操作指导:

(1) 选择"视图"→"页眉和页脚"、"插入"→"幻灯片编号"和"插入"→"日期和时间",都会出现"页眉和页脚"对话框,在这个对话框中可以设置幻灯片的日期和时间,幻灯片编号和页脚等内容。

(2) 注意:如果在某些幻灯片中做了第 5 步的更换背景的操作,并且选中"忽略母版的背景图形"复选框,则这些幻灯片中即使插入了日期和时间、幻灯片编号或者页脚,我们也看不到这些内容。

7. 如果需要,可以在幻灯片中插入多媒体对象,比如声音文件,影片文件或者 Flash 文件等。

操作指导:

在幻灯片中插入多媒体对象的操作方法请参考《大学计算机基础》(陈志泊主编,清华大学出版社,2011)第 6.3.3 节中的介绍。

注意:不是所有格式的声音文件和影片文件都能插入到幻灯片中,如果采用了正确的操作步骤,但是某个声音文件或者影片文件仍然不能正常播放,就说明这个文件的格式不能被幻灯片接受。

8. 要有动画方案或者自定义动画,有些自定义动画要伴随声音。

操作指导:

在幻灯片中设置动画方案或者自定义动画的操作方法请参考《大学计算机基础》(陈志泊主编,清华大学出版社,2011)第 6.4.1 节和第 6.4.2 节中的介绍。

9. 要有幻灯片切换的方式。

操作指导：

设置幻灯片切换方式的操作方法请参考《大学计算机基础》(陈志泊主编，清华大学出版社，2011)第6.4.3节中的介绍。

10. 保存文件，放映幻灯片。

6.4 参考答案

（一）选择题

1. C   2. C   3. A   4. B   5. D   6. A   7. B   8. A
9. A   10. C   11. D   12. C   13. A   14. D   15. D   16. D
17. D   18. A   19. A   20. B

（二）填空题

1. 幻灯片视图   普通视图
2. 普通视图
3. 文字版式   内容版式
4. 文字
5. 自动更新
6. 标题母版
7. 文件中的声音
8. 强调   退出
9. "设置放映方式"
10. 观众自行浏览

第 7 章 数据库技术基础

数据库技术产生于20世纪60年代末,它的主要目的是有效地存取和管理大批量数据资源,为人们提供安全、合理的数据分析结果。在计算机应用中,数据处理和以数据处理为基础的信息系统所占的比重最大。

数据是用符号记录下来的、可识别的信息,是反映客观事物属性的记录,是信息的载体。信息是现实世界事物的存在方式或运动形态的集合,是经过加工处理并对人类客观行为产生影响的事物属性的表现形式,是人们进行各种活动所需要的知识。数据与信息在概念上有区别,从信息处理角度看,任何事物的属性都是通过数据来表示的,数据经过加工处理后,使其具有知识性,并对人类活动产生决策作用,从而形成信息。对数据的处理过程是将数据转换成信息的过程,信息处理就是利用计算机对各种类型的数据进行收集、存储、加工、分类、检索、传播的一系列活动。目前对数据进行处理的最高阶段是采用数据库技术。

数据库(Database)是以一定组织形式存放在计算机存储介质上的相互关联的数据的集合。随着数据库规模的增大,数据管理的任务也随之变得更加艰巨,这就需要依赖计算机和数据库管理系统(如 Access 数据库管理系统)替代手工管理数据,数据库管理系统软件能让用户更轻松快捷地管理大批量的信息。

一个数据库由一个或多个数据表(简称为表)组成,一个数据表包含若干个记录。数据库中表示信息的最小单元是字段,若干个字段构成一个记录,而一个数据表是由一个或若干个记录组成。

本章将针对 Access 数据库管理系统的习题操作来指导读者了解和掌握数据库操作的一般方法,了解使用数据库进行数据存储、查询、统计和分析的基本过程。

7.1 选择题

1. Access 数据库系统建立的数据库类型是(   )。
   (A) 层次数据库　　　　　　　　　　(B) 关系数据库
   (C) 网状数据库　　　　　　　　　　(D) 面向对象数据库

2. Access 数据库文件的扩展名是(   )。
   (A) .mdb　　　　(B) .xls　　　　(C) .dbf　　　　(D) .pdf

3. 在关系型数据库中,二维表中的一行被称作一个(   )。
   (A) 字段　　　　(B) 规则　　　　(C) 关键字　　　　(D) 记录

4. 在 Access 数据库管理系统中,表和数据库的关系是(　　)。

(A) 一个数据库只能包含一个表　　　(B) 一个表只能包含一个数据库

(C) 一个数据库可以包含多个表　　　(D) 一个表可以包含多个数据库

5. 下列关于 Access 数据库中字段数据类型的错误说法是(　　)。

(A) 自动编号型字段的宽度为 4 个字节

(B) 是/否型字段的宽度为 1 个二进制位

(C) OLE 对象的长度是不固定的

(D) 文本型字段的长度固定为 255 个字符

6. 不属于 Access 数据库对象的是(　　)。

(A) 模块　　　　(B) 数据模型　　　　(C) 宏　　　　　(D) 数据访问页

7. 在 Access 中,数据库的基础和核心是(　　)。

(A) 表　　　　　　　　　　　　　(B) 参照完整性规则

(C) 查询　　　　　　　　　　　　(D) 窗体和报表

8. Access 数据库中,字段的数据类型不包括(　　)型。

(A) 是/否　　　(B) OLE 对象　　　(C) 日期/时间　　　(D) 关系

9. 以下关于 Access 数据库的说法中,错误的是(　　)。

(A) 数据库文件的扩展名为 mdb

(B) 所有的对象都放在同一个数据库文件中

(C) 一个数据库可以包含多个表

(D) 表是数据库中最基本的对象,没有表也就没有其他的对象

10. 以下不属于 Access 数据表可以导入的数据源是(　　)。

(A) dBASE 文件　　(B) Excel 的工作表　(C) 压缩文件　　　(D) 文本文件

11. 以下关于查询的叙述正确的是(　　)。

(A) 可以根据数据表或已建查询创建查询

(B) 只能根据数据表创建查询

(C) 只能根据已建查询创建查询

(D) 不能根据已建查询创建查询

12. 在 Access 中设置或编辑"关系"时,下列不属于可设置的选项是(　　)。

(A) 实施参照完整性　　　　　　　(B) 级联更新相关字段

(C) 级联删除相关记录　　　　　　(D) 级联追加相关记录

13. 下列属于操作查询的是(　　)。

(A) 参数查询　　(B) 交叉表查询　　(C) 更新记录查询　(D) 统计查询

14. 下列关于表的说法中,错误的是(　　)。

(A) 数据表是 Access 数据库中的重要对象之一

(B) 表的设计视图的主要工作是设计表的结构

(C) 可以将其他数据库的表导入到当前数据库

(D) 表的设计视图只用于显示表的数据内容

15. 设置字段属性时,有时会为该字段设置一个默认值,这个默认值是(　　)。

(A) 当数据不符合有效性规则时所显示的信息

(B) 系统的自动编号

(C) 在未输入数值之前,系统自动提供的数值

(D) 不允许字段值超出的某个范围

16. 在数据表的设计视图中,不可以(　　)。

(A) 删除一个字段　　　　　　　(B) 删除一条记录

(C) 修改字段的类型　　　　　　(D) 修改字段的名称

17. 创建分组统计查询时,总计项应该选择(　　)。

(A) Between　　　(B) Group By　　　(C) OLE　　　(D) Like

18. 下列说法中错误的是(　　)。

(A) 删除一个数据表后,表中的数据自动被删除,不可以恢复

(B) 创建一个数据表时,可以指定某个字段为主键

(C) SELECT 语句能修改数据表中的数据

(D) UPDATE 语句一次只能对一个表进行修改

19. 构成数据表主关键字的每一个字段都不允许存在空值(Null)的规则属于(　　)。

(A) 字段的有效性规则　　　　　(B) 用户定义完整性规则

(C) 参照完整性规则　　　　　　(D) 实体完整性规则

20. Access 数据库的表的字段数据类型中,不能建立索引的数据类型是(　　)。

(A) 数字型　　　(B) 日期/时间型　　　(C) 文本型　　　(D) 备注型

7.2　填空题

1. 数据库管理技术的发展经历了三个阶段:人工管理阶段、_____和_____。

2. 数据模型常见的三种形式是_____、_____和网状模型。

3. Access 数据库包含了_____、_____、窗体、报表、宏、数据访问页及模块等 7 种对象。

4. Access 数据库在建立窗体或报表时所使用的数据源主要包括 _____和_____。

5. 在 Access 中,如果要在某个字段中存放图像,则该字段的数据类型应该是_____。

6. 查询有 5 种:_____、交叉表查询、_____、操作查询和 SQL 查询。

7. 在创建报表的过程中,可以控制数据输出的内容、输出对象的显示或打印格式,还可以在报表制作过程中,进行数据_____。

7.3 操作题

Access 与许多常用的数据库管理系统，如 Oracle、FoxPro、SQL Server 等一样，是一种关系型数据库管理系统。它可以管理从简单的数字、字符、文本到复杂的图片、音频等各种类型的数据，可以构造应用程序来存储和归纳数据，可以用多种方式进行数据的筛选、分类和查询，并按所需的显示形式查看数据、生成报表用于打印等。

7.3.1 实验一 利用 Access 数据库管理软件建立数据库和数据表

【实验目的】

1. 熟悉 Access 数据库管理软件的操作界面。
2. 学习利用 Access 建立数据库及数据表。
3. 学习设置和修改数据表的字段属性。
4. 学习和掌握如何建立表间的关系。

【实验内容】

1. 为了设计一个适用于在学校图书馆进行图书借阅、书籍查询的管理程序，将新建一个 Access 数据库系统文件，命名为"图书借阅管理系统.mdb"。

操作指导：

打开 Access 数据库管理软件，执行窗口菜单命令"文件"→"新建"，双击"新建文件"任务窗格中的"空数据库"命令，在选定的磁盘存储区中建立"图书借阅管理系统.mdb"文件。

2. 在图书借阅管理系统文件中，创建如表 7.1～表 7.4 所示的 4 个数据表。

表 7.1 "借书证"表的结构

字段名	数据类型	字段大小	关键字
借书证号	文本	9	是
姓名	文本	10	
专业	文本	30	
登记日期	日期/时间		
是否有效	是/否		
证件类别	数字	整型	

表 7.2 "借书证类别"表的结构

字段名	数据类型	字段大小	关键字
证件类别	数字	整数	是
借阅天数	数字	整型	

表 7.3 "图书信息"表的结构

字段名	数据类型	字段大小	关键字
图书编号	文本	10	是
书名	文本	30	
作者	文本	20	
出版社	文本	20	
单价	货币		
标准书号	文本	28	
是否借出	是/否		

表 7.4 "借阅图书登记"表的结构

字段名	数据类型	字段大小	关键字
流水号	自动编号		是
借书证号	文本	9	
图书编号	文本	10	
借阅日期	日期/时间		
还书日期	日期/时间		

"借书证"表说明：因为此系统是为学校图书馆建立的，所以借书者以学生、教师为主，为了方便和统一，在此以学生学号的 9 位数码作为借书证号。

"借书证类别"表说明：证件类别可以分为 1、2 共两类，凡属于 1 类的借书证，将允许连续借阅书籍 60 天，而属于 2 类的借书证，只允许连续借阅书籍 30 天。

操作指导：

选择数据库对象"表"，执行"使用设计器创建表"工具分别建立四个数据表："借书证"表（如图 7.1 所示）、"借书证类别"表、"图书信息"表和"借阅图书登记"表。

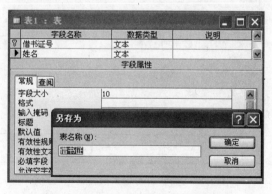

图 7.1 创建表名为"借书证"的数据表

3. 修改"借书证"表的字段属性，内容如下：

（1）"登记日期"字段的默认值设置为去年的 9 月 1 日。

（2）"是否有效"字段的默认值设置为 True，表示该借书证有效。

（3）"证件类别"字段的字段有效性规则定为只能取值 1 或 2，否则提示出错。

操作指导：

选择"借书证"表，执行"图书借阅管理系统：数据库"窗口菜单栏的"设计"命令，即可实现在表设计视图窗口中打开"借书证"的表结构，再按照要求逐步修改指定字段的属性，最后保存修改的内容。

4. 修改"图书信息"表的字段属性，内容如下：

(1)"书名"字段设置为索引，允许出现书名重复的情况。

(2)"单价"字段设置有效性规则是图书单价的值不能取负数。

(3)"是否借出"字段的默认值设置为 False，表示该图书还没有被借出。

(4)"出版社"字段的类型改为查阅向导型，采用"自行输入所需的值"的方式，"出版社"的取值为"北京出版社"、"科学出版社"、"清华大学出版社"、"人民邮电出版社"、"机械工业出版社"、"电子工业出版社"、"国防工业出版社"。

操作指导：

Access 提供的数据表中，字段的类型还包括"查阅向导"型，这是一种特殊的字段类型。它可以实现利用列表框或组合框，从另一个表或值列表中选择数据，更方便数据的输入，也可以减少输入的错误。

将"出版社"字段的类型修改为"查阅向导"，在弹出的"查阅向导"对话框中，单击"自行键入所需的值"单选钮（如图 7.2 所示）。

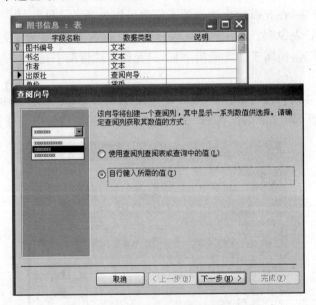

图 7.2　选择"自行键入所需的值"选项

按"下一步"按钮，将弹出如图 7.3 所示的"查阅向导"对话框。根据题意，需要建立 1 列有关出版社名称的列表，并在列表中依次键入 7 个出版社的名称。最后按"下一步"按钮，完成操作。

5. 修改"借阅图书登记"表的字段属性，内容如下：

(1) 设置"借书证号"和"图书编号"两个字段的值必须填写。

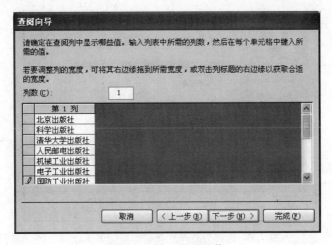

图 7.3　输入所需的值

操作指导：

在表设计视图中打开"借阅图书登记"表，按照图 7.4 所示形式修改"借书证号"字段为必须填写数值的字段。"图书编号"字段也做同样的修改。

（2）"借书证号"字段的类型改为查阅向导型，其查阅值来自"借书证"表的"借书证号"字段。

操作指导：

修改"借书证号"字段类型为"查阅向导"，在弹出的第一个"查阅向导"对话框中，选择"使用查阅列查阅表或查询中的值"单选钮（如图 7.5 所示），单击"下一步"按钮。

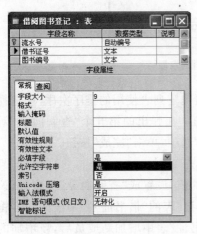

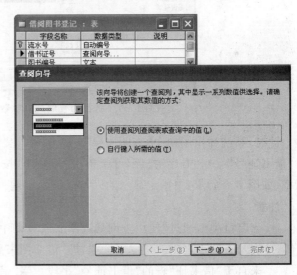

图 7.4　设置"借书证号"字段的
　　　　　值必须填写

图 7.5　选择"使用查阅列查阅表或
　　　　　查询中的值"选项

在弹出的第二个"查阅向导"对话框中，为"请选择为查阅列提供数值的表或查询"来指定"表：借书证"（如图 7.6 所示），单击"下一步"按钮。

图 7.6　选择为查阅列提供数据的表或查询

在弹出的第三个"查阅向导"对话框中,从"可用字段"区内选择"借书证号"、"姓名"两个字段,添加至"选定字段"区中(如图 7.7 所示),单击"下一步"按钮。

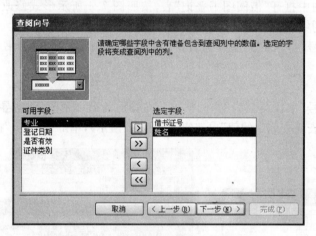

图 7.7　选择为查阅列提供数值的字段

此时,系统弹出第四个"查阅向导"对话框中,在"请确定列表使用的排序次序"中选择对"借书证号"采用"升序"排序,继续单击"下一步"按钮。在弹出的第五个"查阅向导"对话框(如图 7.8 所示)中指定显示的列,选择"隐藏键列"选项,单击"完成"按钮。

注意:

- 当字段类型通过"使用查询列查阅表或查询中的值"设置成"查阅向导"类型时,该表与查阅表之间就建立了关联,即"借阅图书登记"表的"借书证号"字段的内容将来自于"借书证"表的"借书证号"字段。当"借书证"表中增加新成员后,新增加的成员会自动出现在"借书证号"字段的下拉列表框中,所以系统在执行字段修改操作的最后一个步骤时,会弹出一个消息框,提示在建立表间关系前,要立即保存当前表(即"借阅图书登记"表)。

- 在向"借阅图书登记"表中输入记录时,单击表中"借书证号"字段的下拉列表框,

　　　　　　　　　　　大学计算机基础习题与实验指导

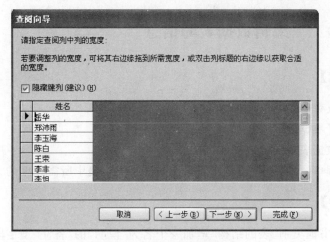

图 7.8　勾选"隐藏键列"

就可以选择所需的数值。由于勾选了"隐藏键列"选项,所以"借书证号"字段被隐
藏,系统将用"姓名"字段的内容替代"借书证号"的内容来显示。

(3) 将"图书编号"字段的类型改为查阅向导型,其查阅值来自"图书信息"表的"图书
编号"字段的内容。

操作指导:

仿照如上的修改方法来处理,此处不再赘述。

6. 建立"借书证"表与"借阅图书登记"表之间的一对多的关系,并建立级联更新相关
字段。

操作指导:

执行 Access 软件窗口的菜单命令"工具"→"关系",打开"关系"窗口。通过在"借书
证"表与"借阅图书登记"表中相同字段"借书证号"之间拖曳鼠标来建立两者间的联系,选
择"实施参照完整性",选择"级联更新相关字段",单击"确定"按钮,完成在两表间建立一
对多的关系。

7. 建立"图书信息"表与"借阅图书登记"表之间的一对多的关系,建立级联更新相关
字段。

操作指导:

操作方法如上,在此不现赘述。图 7.9 显示了三个数据表之间的关系。

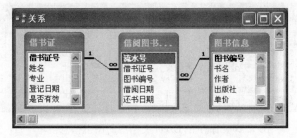

图 7.9　三个表之间的关系

7.3.2　实验二　编辑数据表的信息

【实验目的】

1. 掌握修改数据表结构的操作方法。
2. 学习打开数据表和向数据表中录入数据的方法。
3. 了解向数据表中导入数据的方法。
4. 掌握处理单一数据表,通过建立筛选条件来显示表中所需数据的方法。

【实验内容】

1. 修改"借书证类别"表的结构,增加一个名为"说明"的"备注"型字段。
2. 向"借书证类别"表中录入数据,数据内容参考表7.5。

表 7.5　"借书证类别"表的内容

证件类别	借阅天数	说　　明
1	60	教师、博士、研究生
2	30	本科生

3. 建立"借书证类别"表与"借书证"表之间的一对多的关系。

操作指导:

首先要向"关系"窗口中追加没有被显示的数据表。

执行 Access 窗口的菜单命令"工具"→"关系",打开"关系"窗口。执行菜单命令"关系"→"显示表",打开"显示表"窗口,从中选择"借书证类别"表、"借书证"表"添加"至"关系"窗口中。在两个表的相同字段"证件类别"之间建立关联。

4. 向"借书证"表中录入数据。其中,学生的"借书证号"为学号,教师的"借书证号"为教师编号,数据内容自定。

5. 修改"图书信息"表的结构,在表中添加两个新字段,一个字段名为"简介",字段类型为"备注"型。另一个字段名为"封面",字段类型为"OLE 对象"型。

6. 从网上搜寻一些图书信息,整理后保存为 Excel 文件(如图 7.10 所示),然后将该文件内容导入"图书信息"表内。

图 7.10　保存在 Excel 文档中的图书信息清单

操作指导：

执行 Access 软件窗口的菜单命令"文件"→"获取外部数据"→"导入"，打开"导入"对话框，指定存放图书信息的 Excel 文件后，单击"导入"，打开"导入数据表向导"。后续的操作可以依照向导的提示去做。

注意：在出现"请选择数据的保存位置"的向导对话框时，要从"现有的表中"选择"图书信息"表，以实现将 Excel 文件的内容导入该数据表中。

7. 在"图书信息"表中按作者姓名升序排列，并筛选各个出版社的图书信息。

操作指导：

双击"图书信息"表名称打开该数据表，选中"作者"字段列呈高亮状态，单击工具栏的"升序"图标按钮（如图 7.11 所示），或者执行菜单命令"记录"→"排序"→"升序排序"，进行排序。

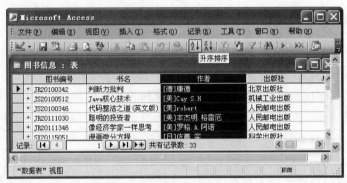

图 7.11　按作者姓名升序排序

如果想从打开的"图书信息"表中只显示"机械工业出版社"的图书信息，则首先选择表中"出版社"字段是"机械工业出版社"的单元格，单击工具栏上"按选定内容筛选"图标按钮（如图 7.12 所示），或者执行菜单命令"记录"→"筛选"→"按选定内容筛选"，数据表将显示所有"出版社"是"机械工业出版社"的记录。

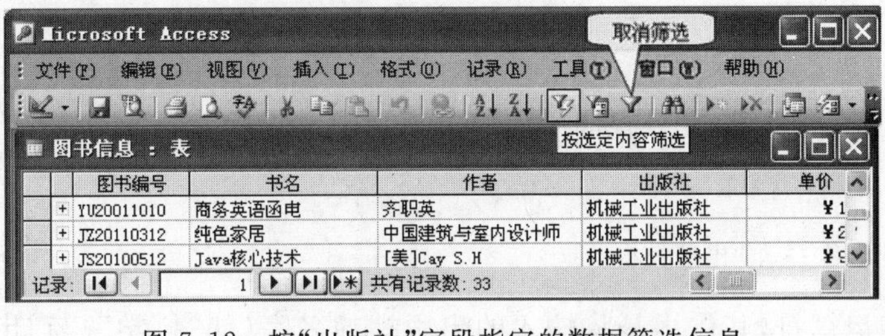

图 7.12　按"出版社"字段指定的数据筛选信息

取消筛选的方法：单击工具栏上"取消筛选"图标按钮（见图 7.12），或者执行菜单命令"记录"→"取消筛选/排序"即可。

8. 在"图书信息"表中筛选出未被借出的图书，再筛选出已被借出的图书。

操作指导：

图书的借阅情况是由图书的"是否借出"状态决定的。例如，当该字段的值为"真"时，表示已经借出；为"假"时，表示该书未被借出。

9. 向"借阅图书登记"表中输入若干条记录，内容自定。

10. 在"借阅图书登记"表中筛选出某册图书被借阅的情况。

11. 为"图书信息"表中还没有加入"简介"及"封面"数据的图书记录填补数据。

7.3.3　实验三　查询数据库的信息

【实验目的】

1. 学习和掌握在相关表中查询所需数据的操作方法。

2. 掌握如何建立交叉表来获取数据库系统对数据的分析。

【实验内容】

1. 建立一个查询，寻找有哪些图书的单价超过了某个定价数值（例如，50 元），要求列出该图书的编号、书名、标准书号、出版社、单价、简介和封面。

2. 建立一个查询，专门列出清华大学出版社和北京出版社出版的所有图书的信息。

3. 建立参数查询，按借书证号查询借阅者信息。显示的信息包括：借书证号、姓名、专业、证件类别及是否有效。

操作指导：

选择"图书借阅管理系统：数据库"窗口的"查询"对象，双击"在设计视图中创建查询"命令，打开"查询"设计视图窗口。从"显示表"中选择"借书证"表"添加"至设计视图中。按照题意要求将需要显示的字段添至视图窗口下方的"字段"栏中。在"借书证号"字段的"条件"栏中设置参数查询内容：[输入证件号：]。最后保存此查询为"按证件号查询证件信息"。

4. 建立参数查询，按出版社查询图书。显示的信息包括：图书编号、书名、作者、出版社、标准书号、单价等。

操作指导：

打开"查询"设计视图，设置查询所需的选项，在"出版社"字段的"条件"栏中设置查询条件：

[输入出版社名称：] & "出版社"

其中，& 是连接运算符，其作用是将输入的出版社的名字（如"科学"）与"出版社"三个字连接起来。最后保存此查询为"按出版社名称查询"。

5. 建立参数查询，按书名查找图书的信息。显示的信息包括：图书编号、书名、作者、标准书号、出版社、单价、图书的简介、封面、是否借出等。

操作指导：

打开"查询"设计视图，按照题意要求，将需要显示的字段添至视图窗口下方的"字段"栏中，然后在"书名"字段的"条件"栏中设置查询条件：

```
Like "*" & [输入书名:] & "*"
```

其中,& 是连接运算符,* 是通配符。这个查询条件可以实现只要输入书名中的词语片段,就可以显示包含这个词语片段的所有图书。最后保存此查询为"按书名查询图书信息"。

6. 建立参数查询,按借书证号查询借阅者的借书情况。查询时需要显示的信息包括:借书证号、姓名、专业、所借图书的书名、图书的作者、封面,以及借书日期、还书日期等。

操作指导:

打开查询设计视图窗口,利用"显示表"向窗口中添加"借书证"表、"借阅图书登记"表、"图书信息"表。按照题意要求,将需要显示的字段添至视图窗口下方的"字段"栏中,然后在"借书证号"字段的"条件"栏中建立查询参数:[请输入证件号码:],最后保存查询结果为"按借书证号查询借阅者的所有借书情况"。

7. 查询有哪些借阅者还未归还图书,以及未归还的是什么图书。要求查询结果显示借阅者姓名、借书证号、所借图书的书名、单价、封面、借阅日期等。

操作指导:

打开查询设计视图窗口,利用"显示表"向窗口中添加"借书证"表、"借阅图书登记"表、"图书信息"表。按照题意,将需要显示的字段添至视图窗口下方的"字段"栏中,然后在"还书日期"字段的"条件"栏中设置一个条件查询,内容为 Null。最后保存查询结果为"查询有哪些借阅者还未归还图书"。

8. 建立一个借书登记查询,要求可以查看所有图书的借阅情况,包括借阅者证件号、姓名、专业,借阅图书的编号、书名、作者、出版社、标准书号,以及借阅日期等等,保存该查询为"借阅登记清单查询"。

9. 建立一个统计查询,统计每本图书被借阅的次数。查询结果要显示图书的编号、书名、借阅次数等。

操作指导:

可以使用已经建立的"借阅登记清单查询"作为数据源。

在查询设计视图中,除了要从数据源中选择需要显示的字段以外,还要建立一个名为"借阅次数"的字段,并在设计视图中采用按图书编号分组计数。查询的设置方式可以参考图 7.13 所示的内容。

字段:	图书编号	书名	借阅次数: 图书编号	
表:	借阅登记清单查询	借阅登记清单查询	借阅登记清单查询	
总计:	分组	分组	计数	
排序:			升序	
显示:	☑	☑	☑	
条件:				
或:				

图 7.13　建立统计查询

10. 查询借阅次数超过 n 次(例如,n 值为 4)的图书信息,要求显示这些图书的编号、书名、作者、标准书号、简介、封面及借阅次数。

11. 查询借阅次数超过 n 次的图书信息,并将查询的结果生成一个数据表。

12. 建立交叉表查询"专业与借阅图书的关系",了解不同专业的借阅者阅读每本图书的人数。

操作指导：

建议使用已经建立的"借阅登记清单查询"作为数据源,利用建立交叉表查询向导工具来建立此查询。在设置交叉表查询过程中,可以参考图 7.14 的内容。

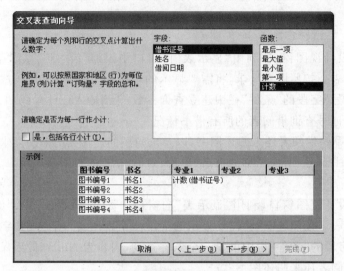

图 7.14 利用"交叉表查询向导"建立交叉表查询

13. 利用"查找重复项查询"查找同名的书目。

操作指导：

选择"图书借阅管理系统：数据库"窗口的"查询"对象,单击工具栏的"新建"命令,在"新建查询"对话框中选择"查找重复项查询"后,单击"确定"按钮。

14. 利用"查找不匹配项查询"查找没被借出的图书。

操作指导：

选择"图书借阅管理系统：数据库"窗口的"查询"对象,单击工具栏的"新建"命令,在"新建查询"对话框中选择"查找不匹配项查询"后,单击"确定"按钮。

7.3.4　实验四　建立窗体和报表

【实验目的】

1. 学习如何建立和修改窗体。
2. 学习如何建立和修改报表。

【实验内容】

1. 建立一个显示、录入新书信息的窗体(图 7.15 仅是一个参考),要求在窗体执行时,可以显示图书编号、书名、作者、出版社,以及图书的简介和封面。窗体中需要哪些控件、它们放置的位置、显示的大小等，均可以自定。

图 7.15　选择"纵栏式"窗体形式显示"图书信息"表的记录

操作指导：

选择"图书借阅管理系统：数据库"窗口的"窗体"对象，单击工具栏的"新建"命令，在"新建窗体"对话框中选择所需的操作形式，单击"确定"按钮。

窗体建立成功后，利用此窗体来修改图书信息表的记录。例如，更换某册图书的封面数据，为某册图书记录添加封面图，或者增加新的图书信息等等。

2. 利用窗体向导，建立能显示图书编号、书名、作者、出版社，以及借阅此图书的所有借阅者信息的窗体。要求将此窗体命名为"图书与借阅者信息"。可以参考图 7.16。

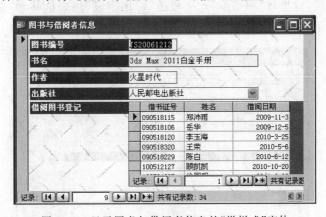

图 7.16　显示图书与借阅者信息的"纵栏式"窗体

操作指导：

选择"窗体"对象，单击工具栏的"新建"命令，在"新建窗体"对话框中选择所需的操作形式（如"窗体向导"，或者"自动创建窗体：纵栏式"）。选择查询"借阅登记清单查询"（参见实验三的第 8 题）为数据来源。

3. 建立一个窗体，可以根据输入的图书编号查找相关的图书信息及借阅者的信息。

操作指导：

可以在已经建立的"图书与借阅者信息"窗体的基础上增加查询功能。制作过程如下。

（1）打开"图书与借阅者信息"窗体，切换到设计视图。

（2）删除绑定"图书编号"字段的文本框控件及相关标签控件。

（3）确定工具箱中"控件向导"已经选中。在窗体上创建组合框控件，随即弹出"组合框向导"第一个对话框。在该对话框中单击"在基于组合框中选定的值而创建的窗体上查找记录"单选按钮，如图 7.17 所示。

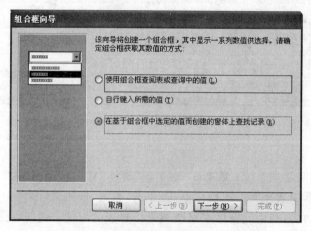

图 7.17　确定组合框获取其值的方式

（4）单击"下一步"按钮，弹出"组合框向导"第二个对话框。在该对话框中确定组合框中要显示的字段，这里将"图书编号"字段由"可用字段"列表框移到"选定字段"列表框中，如图 7.18 所示。

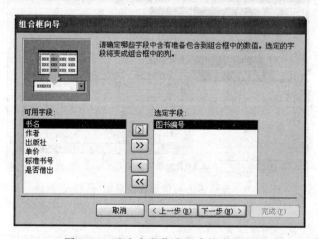

图 7.18　选定字段作为组合框中的列

（5）单击"下一步"按钮，弹出"组合框向导"第三个对话框。在该对话框中调整列的宽度，如图 7.19 所示。

（6）单击"下一步"按钮，弹出"组合框向导"第四个对话框。在该对话框中为组合框指定标签，这里指定标签为"请输入要查询的图书编号"，如图 7.20 所示。

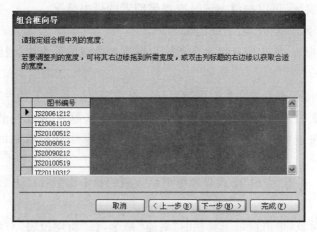

图 7.19   调整组合框的宽度

图 7.20   指定标签标题作为提示信息

（7）单击"完成"按钮。当执行打开此窗体时，可以看到窗体中增加了一个组合框（见图 7.21），并且可以单击该组合框右侧向下箭头来选择需要查看的图书编号。

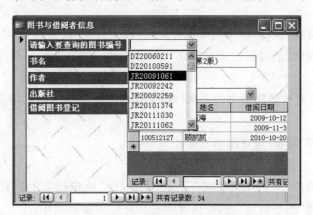

图 7.21   用组合框控件实现查询

4．建立一个窗体，可以按借书证号查找借阅者的借书情况。

5．建立一个添加（发放）借书证的窗体。

6．建立一个报表，按出版社名称分组输出图书馆收藏的每个出版社的图书情况。

操作指导：

选择"图书借阅管理系统：数据库"窗口的"报表"对象，单击工具栏的"新建"命令，在"新建报表"对话框中选择所需的操作形式，并指定数据来源为"图书信息"表，单击"确定"按钮。如果使用报表向导工具来建立报表，则在指定添加分组级别时，选择"出版社"字段。

7．建立图表，利用"饼图"形式显示图书馆收藏的每个出版社图书数量的份额。

操作指导：

选择"报表"对象，单击窗口工具栏的"新建"命令，在"新建报表"对话框中选择"图表向导"，数据来源选择"图书信息"表，单击"确定"按钮。当系统提示选择图表数据所在的字段时，应该从"可用字段"栏中选择"出版社"字段移入"用于图表的字段"栏中。

8．建立报表，打印每一位借阅者借书的情况。要求输出借阅者的信息，及历次借阅图书情况的信息。报表的输出结果可以参考图7.22。

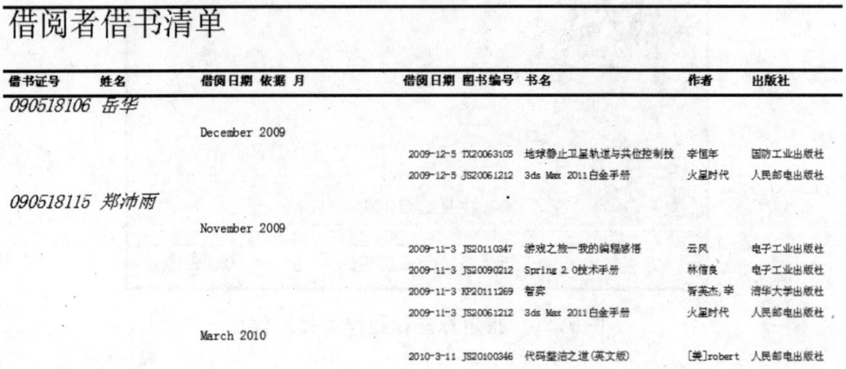

借阅者借书清单

借书证号	姓名	借阅日期 依据 月	借阅日期	图书编号	书名	作者	出版社
090518106	岳华						
		December 2009					
			2009-12-5	TX20063105	地球静止卫星轨道与共位控制技	李恒年	国防工业出版社
			2009-12-5	JS20061212	3ds Max 2011白金手册	火星时代	人民邮电出版社
090518115	郑沛雨						
		November 2009					
			2009-11-3	JS20110347	游戏之旅—我的编程感悟	云风	电子工业出版社
			2009-11-3	JS20090212	Spring 2.0技术手册	林信良	电子工业出版社
			2009-11-3	KP20111269	智慧	肖英杰，辛	清华大学出版社
			2009-11-3	JS20061212	3ds Max 2011白金手册	火星时代	人民邮电出版社
		March 2010					
			2010-3-11	JS20100346	代码整洁之道（英文版）	[美]robert	人民邮电出版社

图7.22　一个关于借阅者借阅图书情况的报表实例

操作指导：

选择"报表"对象，执行"使用向导创建报表"命令打开"报表向导"对话框，选择数据来源为已经建立的查询"借阅登记清单查询"（参见实验三的第8题），按照向导的提示完成创建报表的过程。

9．以查询"专业与借阅图书的关系"（参见实验三的第12题）的结果为数据源建立一个报表。

10．使用"标签向导"建立图书的标签。

操作指导：

选择"报表"对象，单击工具栏的"新建"命令，在"新建报表"对话框中选择"标签向导"，数据来源选择"图书信息"表，按向导的提示完成后续的操作。

7.4 参考答案

（一）选择题

1. B   2. A   3. D   4. C   5. D   6. B   7. A   8. D
9. D   10. C   11. A   12. D   13. C   14. D   15. C   16. B
17. B   18. C   19. A   20. D

（二）填空题

1. 文件系统阶段   数据库系统阶段
2. 层次模型   关系模型
3. 表   查询
4. 数据表   查询结果集
5. OLE 对象
6. 选择查询   参数查询
7. 统计

第 8 章 多媒体技术基础

多媒体技术的应用领域非常广泛,理解多媒体的基本概念以及多媒体信息处理的压缩技术等概念,有利于更好地使用多媒体技术。在多媒体技术中,平面图像处理技术应用非常广泛。本章将通过合理的实验编排,让读者在上机操作的过程中,熟练掌握平面图像处理软件中的工具箱命令,菜单命令的操作方法。

8.1 选择题

1. 下列选项中,(　　　)不属于音频文件格式。
   (A) WAV　　　　　(B) MPEG　　　　　(C) RA　　　　　(D) AVI

2. 下列选项中,(　　　)不属于视频文件格式。
   (A) MIDI　　　　　(B) MPEG　　　　　(C) QT　　　　　(D) AVI

3. 下列选项中,(　　　)不属于 RGB 模式文件的基本颜色。
   (A) 红　　　　　　(B) 绿　　　　　　(C) 黄　　　　　　(D) 蓝

4. 下列选项中,(　　　)不属于 CMYK 模式文件的基本颜色。
   (A) 青　　　　　　(B) 洋红　　　　　(C) 紫色　　　　　(D) 黑色

5. RGB 模式文件中,三种基本颜色的取值都为 0 时,组合成(　　　)。
   (A) 白色　　　　　(B) 黑色　　　　　(C) 红色　　　　　(D) 黄色

6. RGB 模式文件中,红、绿、蓝三种颜色的叠加是(　　　)。
   (A) 白色　　　　　(B) 黑色　　　　　(C) 红色　　　　　(D) 黄色

7. CMYK 模式文件中,红、绿、蓝三种颜色的叠加是(　　　)。
   (A) 白色　　　　　(B) 黑色　　　　　(C) 红色　　　　　(D) 黄色

8. 以下文件格式中,支持全部颜色模式的文件类型是(　　　)。
   (A) BMP　　　　　(B) JPEG　　　　　(C) PSD　　　　　(D) GIF

9. 显示或者隐藏浮动调板,是通过(　　　)菜单来实现的。
   (A) 图像　　　　　(B) 图层　　　　　(C) 视图　　　　　(D) 窗口

10. 使用前景色填充图层的快捷键是(　　　)。
    (A) Ctrl+Delete　(B) Alt+Delete　(C) Shift+Delete　(D) 以上都不对

11. 使用背景色填充图层的快捷键是(　　　)。
    (A) Ctrl+Delete　(B) Alt+Delete　(C) Shift+Delete　(D) 以上都不对

12. 对图片或者选区进行缩放的快捷键是(　　　)。

　　(A) Ctrl＋T　　　　　(B) Alt＋T　　　　　(C) Shift＋T　　　　(D) 以上都不对

13. 对图片进行放大显示的快捷键是(　　　)。

　　(A) Ctrl＋　　　　　　(B) Alt＋　　　　　　(C) Shift＋　　　　(D) 以上都不对

14. 橡皮擦工具组中不包括(　　　)。

　　(A) 橡皮擦工具　　　　　　　　　　　　(B) 磁性橡皮擦工具

　　(C) 背景橡皮擦工具　　　　　　　　　　(D) 魔术橡皮擦工具

15. 下列工具中能建立选区的是(　　　)。

　　(A) 铅笔工具　　　(B) 画笔工具　　　(C) 钢笔工具　　　(D) 文字工具

16. 下列工具中不能修复图像的是(　　　)。

　　(A) 图案图章工具　(B) 修复画笔工具　(C) 修补工具　　　(D) 渐变工具

17. (　　　)是图像最基本的组成单元。

　　(A) 点阵　　　　　(B) 颜色　　　　　(C) 像素　　　　　(D) 图层

18. 图像分辨率是指(　　　)。

　　(A) 每厘米中像素的个数　　　　　　　(B) 每英寸中像素的个数

　　(C) 每毫米中像素的个数　　　　　　　(D) 每英尺中像素的个数

19. (　　　)可以选择相似颜色的区域。

　　(A) 画笔工具　　　(B) 渐变工具　　　(C) 魔棒工具　　　(D) 磁性套索工具

20. 蒙版的颜色不能是(　　　)。

　　(A) 黑色　　　　　(B) 白色　　　　　(C) 灰色　　　　　(D) 彩色

8.2　填空题

1. 矢量图形用＿＿＿＿＿＿、＿＿＿＿＿＿记录图形的形状、位置、颜色等属性,恢复时由软件根据属性自动生成。

2. 位图图像是由＿＿＿＿＿＿形式组成的。

3. 通用无损压缩技术可以＿＿＿＿＿＿被压缩的文件,主要应用于普通文件和程序。

4. 专用压缩技术主要应用于对声音、图像、影像文件的压缩,对被压缩的文件解压缩之后会＿＿＿＿＿＿。

5. RGB 模式由＿＿＿＿＿＿、＿＿＿＿＿＿和＿＿＿＿＿＿三种基本颜色组合而成。

6. CMYK 模式是标准的工业印刷用的颜色模式,图像由青、＿＿＿＿＿＿、＿＿＿＿＿＿和黑色组成。

7. Lab 模式也称为＿＿＿＿＿＿,与设备无关,任何设备都可以产生一致的颜色。

8. PSD 格式是 Photoshop 默认的图像格式,是唯一支持全部＿＿＿＿＿＿的文件类型。

9. 在 Photoshop 软件中,对于每一种工具,都可以在其＿＿＿＿＿＿中设置属性的值。

10. 蒙版可以帮助使用者在不改变图像的情况下对选定部分进行显示或者＿＿＿＿＿＿。

8.3 操作题

8.3.1 实验一 车入树林

【实验目的】

1. 理解图层的概念。
2. 掌握移动工具的使用方法
3. 掌握选区工具的操作方法。
4. 掌握将选区复制到新图层的方法。
5. 掌握对图片进行缩放的操作方法。

【实验内容】

1. 从网上下载"车"和"树林"的图片。

2. 根据下载的图片,制作出与《大学计算机基础》(陈志泊主编,清华大学出版社,2011)第 8 章中图 8.20 类似的"车入树林"的效果。

操作指导:

(1) 操作方法请参考《大学计算机基础》(陈志泊主编,清华大学出版社,2011)第 8 章的例 8.1。

(2) 除了使用选区工具对车进行抠图之外,橡皮擦工具也可以完成抠图的操作。

3. 保存文件。

8.3.2 实验二 双胞胎朦胧效果

【实验目的】

1. 掌握选区工具中"羽化值"属性的使用方法及其含义。
2. 掌握选区工具中 4 个选区属性的使用方法。
3. 掌握将图片进行翻转的操作方法。
4. 掌握为图层填充颜色的操作方法。

【实验内容】

1. 从网上下载一个"人物"的图片。

2. 从网上下载一个"风景"或者"花卉"的图片。

3. 根据下载的图片,制作出与《大学计算机基础》(陈志泊主编,清华大学出版社,2011)第 8 章中图 8.22 类似的"双胞胎朦胧效果"。

操作指导:

操作方法请参考《大学计算机基础》(陈志泊主编,清华大学出版社,2011)第 8 章的例 8.2。

4. 保存文件。

8.3.3　实验三　图片的裁剪

【实验目的】

1. 掌握裁剪工具的使用方法。
2. 掌握裁剪尺寸的添加与删除。

【实验内容】

1. 从网上下载一个图片。
2. 根据自己的需要将图片裁剪成适合的尺寸。

操作指导：

裁剪工具的属性栏如图 8.1 所示。

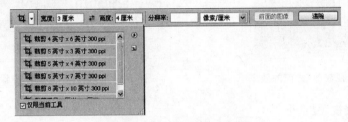

图 8.1　裁剪工具的属性栏

可以根据需要,选择下列任意一种对图片进行裁剪：

(1) 属性栏中最左边的裁剪列表内,有很多可供选择的裁剪尺寸,可以选择一种合适的尺寸对图片进行裁剪,单击该列表右侧的箭头,可以创建新的裁剪尺寸。

(2) 可以设置"宽度"和"高度"对图片进行裁剪。

(3) 如果不设置上述内容,使用裁剪工具可以进行任意宽度和高度的裁剪。

3. 保存文件。

8.3.4　实验四　透视裁剪

【实验目的】

1. 理解裁剪工具的"透视"属性的含义。
2. 掌握使用裁剪工具将物体"扶正"的操作方法。

【实验内容】

从网上下载一个有倾斜建筑或者倾斜物体的图片,利用裁剪工具的透视功能,按照下列相似的步骤将倾斜的建筑或者物体"扶正"。

1．打开图片（以图 8.2 为例），在"图层浮动调板"中对其进行解锁。

2．选择"工具栏"中的"裁剪"工具，在属性栏中不设置裁剪的"宽度"和"高度"，使用裁剪工具将整个图片选中，图片周边出现了 8 个角控制点，并且属性栏中出现了"透视"复选框，如图 8.3 所示。

图 8.2　"透视裁剪"之前的效果

图 8.3　"透视裁剪"操作步骤 1

3．选中"透视"复选框。

4．使用鼠标移动角控制点的位置，效果如图 8.4 所示。

5．按 Enter 键，图片中的建筑即可被"扶正"，效果如图 8.5 所示。

6．保存文件。

图 8.4　"透视裁剪"操作步骤 2

图 8.5　"透视裁剪"之后的效果

8.3.5　实验五　修复工具的使用

【实验目的】

1. 掌握图章工具的操作方法。
2. 掌握修复画笔工具的操作方法。
3. 理解图章工具和修复画笔工具的区别与联系。
4. 掌握修补工具的使用方法。

【实验内容】

1. 从网上下载一个有污点的图片，或者一个有斑点的人物图片。
2. 选择一种修复工具，或者多种修复工具相结合，将图片中的瑕疵处理好。
3. 保存文件。

8.3.6　实验六　制作彩虹

【实验目的】

1. 掌握渐变工具的操作方法。
2. 理解渐变工具的各个属性的含义。
3. 掌握渐变工具的制作或者修改的操作方法。
4. 理解图层混合模式的含义。

【实验内容】

从网上下载一个雨后的图片(或者你认为适合的图片)，按照下列相似的步骤制作彩虹：

1. 打开图片，在"图层浮动调板"中对其进行解锁，该图层的名称为"图层0"。

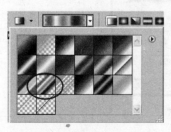

图 8.6　选择"透明彩虹渐变"

2. 新建"图层1"，该图层在"图层0"之上。

3. 选择图层1，打开"渐变工具"，在其属性栏的渐变样式列表中选择"透明彩虹渐变"，如图8.6所示。

4. 单击该渐变，打开"渐变编辑器"对话框，如图8.7所示。

5. 在图8.7中，把渐变条上方的透明色标和半透明色标去掉，调整两个不透明色标的位置；调整渐变条下方原有色标的位置，使它们变得更加紧凑；在渐变条的下方左右两侧各添加一个黑色的颜色色标。上述操作的效果如图8.8所示，单击"确定"按钮，即可使用新的渐变样式。

图 8.7 "渐变编辑器"对话框

图 8.8 修改之后的"彩虹渐变条"

6. 使用上一步制作的彩虹渐变条,选择"径向渐变"属性,在"图层 1"上拖动出一个彩虹。

操作指导:

可以从不同的位置开始拖动鼠标,选择最适合的一个。如果怎么样做都不太满意,可以将图 8.8 中的色标集体往左或者往右更改位置,之后再做彩虹。

7. 在"图层浮动调板"中,设置"图层 1"的图层混合模式为"滤色",完成彩虹的制作。

8. 保存文件。

8.3.7 实验七 制作贺卡

【实验目的】

1. 掌握文字工具的操作方法。
2. 掌握文字蒙版工具的操作方法。
3. 理解文字工具和文字蒙版工具的区别。
4. 理解文字工具各个属性的含义。

【实验内容】

1. 使用文字工具及其属性栏中各个属性(还可以使用图层样式),结合之前学过的各种工具,制作一张贺卡。

操作指导:

图层样式的使用方法是,在"图层浮动调板"中双击某个图层,会弹出"图层样式"对话框,从中选择适合的图层样式。

2. 保存文件。

8.3.8 实验八 制作邮票

【实验目的】

1. 掌握画笔工具的使用方法。
2. 理解画笔工具各个属性的含义。
3. 掌握将图片按照中心点进行缩放的操作方法。

【实验内容】

从网上下载一张素材图片,按照以下步骤制作邮票:

1. 打开素材图片,在"图层浮动调板"中将其进行解锁,其名称为"图层 0"。

2. 新建"图层 1",将其填充为白色(或者你自己喜欢的颜色),新建"图层 2",将其填充为黑色(或者你自己喜欢的颜色)。

3. 各个图层的顺序从上到下依次为"图层 0","图层 1","图层 2"。

4. 选择"图层 0",使用快捷键"Ctrl+T",之后,按下 Alt 键的同时,使用鼠标拖动角控制点,对"图层 0"按照中心点进行缩小处理。

5. 使用图层样式为"图层 0"进行"描边"的操作。

6. 选择"图层 1",使用第 4 步中的方法对其进行缩小处理。注意:"图层 1"要调整的比"图层0"大一些。

7. 选择画笔工具(注意,画笔工具的颜色是由背景色来决定的,本实验中,要将背景色调整为"图层2"的颜色),在画笔调板中设置合适的画笔直径,将其硬度调整为100%,并且将间距调大,使得画笔画出的线条不是连续的,而是由一个一个的圆点组成的。

8. 选择"图层1",在其每条边上都做同样的操作:在一侧,将画笔的大部分放在"图层1"中,单击鼠标左键,之后,按下Shift键的同时,在另一侧再次单击鼠标左键。使用上述方法,可以做出邮票的效果。

9. 使用文字工具,写上邮票的价值等文字内容。

10. 可以为邮票再添加一个邮戳(参考图8.9),最后保存文件。

图8.9　制作一张带邮戳的邮票

操作指导:

制作邮票上的邮戳。

(1) 在一个新图层上画一个正圆选区,执行窗口菜单的"编辑"→"描边"命令,打开"描边"对话框,设置邮戳圆环的宽度(即描边的宽度,以像素为单位)及颜色(如红色、蓝色或黑色等)。

(2) 制作邮戳内的文字。

(3) 合并所有图层。

(4) 为了表现手工盖章时,因印泥颜色分布不均,而形成邮戳的特殊显示效果,可以利用滤镜来处理。对邮戳的圆环及邮戳上的文字作选区,执行"滤镜"→"画笔描边"→"喷溅",打开"喷溅"属性对话框,适当的调整喷色半径,按"确定"按钮。

8.3.9　实验九　更换广告牌的内容

【实验目的】

掌握按下Ctrl键的同时,拖动对象的角控制点的作用。

【实验内容】

图8.10和图8.11是制作广告牌的图例。其中,图8.10所示的是素材图片,图8.11所示的是将图8.10中右侧的图片放入左侧图片的广告牌中。

从网上下载一个有倾斜角度的广告牌(或者相框)的图片(素材1),再下载一个自己喜欢的风景或者人物图片(素材2),按照下列相似的步骤制作广告牌:

1. 打开两张素材图片,在"图层浮动调板"中将其进行解锁。

2. 使用移动工具将素材2拖动到素材1之上。

3. 选择素材 2 的图层，按下快捷键"Ctrl＋T"，之后，按下 Ctrl 键的同时，使用鼠标将素材 2 的角控制点拖动到素材 1 的广告牌（或者相框）中，调整好之后按 Enter 键。

4. 保存文件。

图 8.10   制作广告牌素材图片

图 8.11   更换广告牌内容之后的效果

8.3.10   实验十   蒙版的使用

【实验目的】

1. 理解蒙版的含义。
2. 掌握蒙版的操作方法。
3. 掌握蒙版和渐变工具相结合的操作方法。
4. 掌握蒙版和画笔工具相结合的操作方法。

【实验内容】

图 8.12 和图 8.13 是制作广告牌的图例。其中，图 8.12 所示的是素材图片，图 8.13 所示的是利用蒙版将素材图片融合在一起的效果。

自己设想一个主题,从网上下载多个素材图片,使用蒙版等将其自然地融合在一起。

操作指导:

关于蒙版的概念请参考《大学计算机基础》(陈志泊主编,清华大学出版社,2011)第8
章的8.2.2节中关于蒙版的介绍。

图 8.12 素材图片

图 8.13 使用蒙版的效果

8.4 参考答案

(一)选择题

1. D	2. A	3. C	4. C	5. B	6. A	7. B	8. C
9. D	10. B	11. A	12. A	13. A	14. B	15. C	16. D
17. C	18. B	19. C	20. D				

（二）填空题

1. 公式　指令
2. 点阵
3. 原样解压缩
4. 失去一些信息
5. 红　绿　蓝
6. 洋红　黄
7. 安全模式
8. 颜色模式
9. 属性栏
10. 遮挡

第 9 章 计算机网络基础

计算机网络是指分布在不同地理位置的多台独立的计算机,通过互连设备和传输介质,按一定拓扑结构连接在一起的计算机系统。在网络软件系统的控制下,连接在网络上的各台计算机之间可以实现相互通信、资源共享、分布式处理等,从而大大提高系统的可靠性与可用性。目前,计算机网络在信息的收集、传输、存储和处理中起着非常重要的作用。互联网在中国的发展非常迅速,Internet 已经深入人们的日常生活。普通用户接入 Internet 的方法有很多,常见的因特网服务包括 WWW 服务、搜索引擎、电子邮件、FTP 服务等。

本章将通过习题来帮助读者熟悉和掌握计算机网络的基本知识,同时利用一系列实验来帮助读者了解和掌握必要的网络应用的方法。

9.1 选择题

1. 为了实现计算机资源的共享,计算机正朝着( )方向发展。
   (A) 自动化　　　　(B) 智能化　　　　(C) 网络化　　　　(D) 高速度
2. 通常把计算机网络定义为( )。
   (A) 以共享资源为目标的计算机系统,称为计算机网络
   (B) 能按网络协议实现通信的计算机系统,称为计算机网络
   (C) 把分布在不同地点的多台计算机互联起来构成的计算机系统,称为计算机网络
   (D) 把分布在不同地点的多台计算机在物理上实现互联,按照网络协议实现相互间的通信,共享硬件、软件和数据资源为目标的计算机系统,称为计算机网络
3. 计算机网络是一个( )系统。
   (A) 管理信息系统　　　　　　　　(B) 管理数据系统
   (C) 编译系统　　　　　　　　　　(D) 在协议控制下的多机互联系统
4. 计算机网络技术包含的两个主要技术是计算机技术和( )。
   (A) 微电子技术　　(B) 通信技术　　(C) 数据处理技术　　(D) 自动化技术
5. 一台计算机连入计算机网络后,该计算机( )。
   (A) CPU 的运行速度会加快　　　　(B) 可以共享网络中的资源
   (C) 物理内存的容量变大　　　　　(D) 运算精度会提高

6. 计算机连网的主要目的是( )。
   (A) 资源共享　　(B) 共用一个硬盘　(C) 节省内存　　　(D) 提高可靠性

7. 计算机网络的主要功能是( )、资源共享、分布式处理。
   (A) 数据安全　　(B) 数据存储　　　(C) 数据通信　　　(D) 数据备份

8. 计算机网络的资源共享的功能包括( )。
   (A) 硬件资源和数据资源共享
   (B) 软件资源和数据资源共享
   (C) 设备资源和非设备资源共享
   (D) 硬件资源、软件资源和数据资源共享

9. 建设信息高速公路主要是为了( )。
   (A) 解决城市交通拥挤的问题　　　(B) 方便快捷地交流信息
   (C) 监视上网计算机的活动　　　　(D) 解决失业问题

10. 以( )将网络划分为广域网、城域网和局域网。
    (A) 接入的计算机多少　　　　　(B) 接入的计算机类型
    (C) 拓扑类型　　　　　　　　　(D) 接入的计算机距离

11. LAN 是( )的英文的缩写。
    (A) 城域网　　　(B) 局域网　　　(C) 广域网　　　(D) 网络操作系统

12. 一般来说,校园网属于( )。
    (A) 广域网　　　(B) 局域网　　　(C) 城域网　　　(D) 以上都不是

13. 网络的形状是指( )。
    (A) 网络协议　　　　　　　　　(B) 网络操作系统
    (C) 网络物理设备摆放形式　　　(D) 网络拓扑结构

14. 局域网的拓扑结构主要有( )、总线型、环型和树型四种。
    (A) 星型　　　　(B) T 型　　　　(C) 链型　　　　(D) 关系型

15. 下列关于局域网特点的叙述中,不正确的是( )。
    (A) 局域网的覆盖范围有限
    (B) 误码率高
    (C) 有较高的传输速率
    (D) 相对于广域网易于建立、管理、维护和扩展

16. 在网络的( )里,中心结点的故障可能造成全网瘫痪。
    (A) 星型拓扑结构　　　　　　　(B) 环型拓扑结构
    (C) 树型拓扑结构　　　　　　　(D) 网状拓扑结构

17. 下列不属于网络拓扑结构形式的是( )。
    (A) 星型　　　　(B) 环型　　　　(C) 总线型　　　(D) 分支

18. 网络服务器是指( )。
    (A) 具有通信功能的 Pentium Ⅲ 或 Pentium 4 高档计算机
    (B) 为网络提供资源,并对这些资源进行管理的计算机
    (C) 带有大容量硬盘的计算机

(D) 32 位总线结构的高档微机

19. 计算机网络中,专门存放提供给其他计算机共享的文字数据的计算机称为（　　）。
   (A) 文件服务器　　(B) 路由器　　　　(C) 网桥　　　　　(D) 网关

20. 拨号上网时所用的被俗称为"猫"的设备是（　　）。
   (A) 编码解码器　　(B) 网络配置器　　(C) 调制解调器　　(D) 网络链接器

21. 调制解调器(Modem)的功能是实现（　　）。
   (A) 模拟信号与数字信号的转换　　　　(B) 数字信号的编码
   (C) 模拟信号的放大　　　　　　　　　(D) 数字信号的整形

22. （　　）是属于局域网中外部设备的共享。
   (A) 局域网中的多个用户共同使用某个应用程序
   (B) 局域网中的多个用户共同使用网上的一台打印机
   (C) 将多个用户的计算机同时开机
   (D) 借助网络系统传送数据

23. 要查找局域网中的计算机,应进入（　　）。
   (A) 我的电脑　　　(B) 网上邻居　　　(C) IE 浏览器　　　(D) 控制面板

24. 客户/服务器模式的局域网,其网络硬件主要包括服务器、工作站、网卡和（　　）。
   (A) 网络拓扑结构　(B) 计算机　　　　(C) 传输介质　　　(D) 网络协议

25. 互联设备中 Hub 称为（　　）。
   (A) 网卡　　　　　(B) 网桥　　　　　(C) 服务器　　　　(D) 集线器

26. （　　）不是计算机网络的专用设备。
   (A) 集线器　　　　(B) 电话机　　　　(C) 交换机　　　　(D) 网卡

27. （　　）不属于网络通信体系的硬件。
   (A) 显示卡　　　　(B) 网关　　　　　(C) 网桥　　　　　(D) 集线器

28. 通过校园网入网时,必须使用的一种设备是（　　）。
   (A) 网卡　　　　　(B) Modem　　　　(C) ISP　　　　　(D) Hub

29. 计算机内网卡的主要作用是（　　）。
   (A) 使显示器产生显示　　　　　　　　(B) 使计算机发出声音
   (C) 与网络连接并通信　　　　　　　　(D) 连接扫描仪

30. 下列属于计算机网络所特有的设备是（　　）。
   (A) 显示器　　　　(B) UPS 电源　　　(C) 路由器　　　　(D) 鼠标器

31. 下列不属于网络传输介质的是（　　）。
   (A) 双绞线　　　　(B) 网卡　　　　　(C) 同轴电缆　　　(D) 光缆

32. 光缆的光束是在（　　）内传输。
   (A) 玻璃纤维　　　(B) 透明橡胶　　　(C) 同轴电缆　　　(D) 网卡

33. 常用的网络通信介质有双绞线、同轴电缆和（　　）。
   (A) 紫外线　　　　(B) X 射线　　　　(C) 光缆　　　　　(D) Y 射线

34. 为了指导计算机网络的互连、互通和互操作,ISO 颁布了 OSI 参考模型,其基本结构分为(   )。

    (A) 6 层   (B) 5 层   (C) 7 层   (D) 4 层

35. 下列的层次中在 ISO 组织制定的开放系统互连参考模型中层次最低的是(   )。

    (A) 表示层   (B) 网络层   (C) 会话层   (D) 数据链路层

36. 计算机网络是按(   )相互通信的。

    (A) 信息交换方式   (B) 分类标准   (C) 网络协议   (D) 传输装置

37. 下面几种操作系统中,(   )不是网络操作系统。

    (A) MS-DOS   (B) Windows XP

    (C) Windows Server 2003   (D) UNIX

38. 在计算机网络中,表征数据传输可靠性的指标是(   )。

    (A) 误码率   (B) 频带利用率   (C) 信道容量   (D) 传输速率

39. 管理计算机通信的规则称为(   )。

    (A) 协议   (B) 介质   (C) 服务   (D) 网络操作系统

40. TCP/IP 协议在 Internet 网中的作用是(   )。

    (A) 定义一套网间互联的通信规则或标准

    (B) 定义采用哪一种操作系统

    (C) 定义采用哪一种电缆互连

    (D) 定义采用哪一种程序设计语言

41. 使用 Internet 时,必须使用(   )协议。

    (A) TCP/IP   (B) FTP   (C) SMTP   (D) IPX

42. TCP 的主要功能是(   )。

    (A) 进行数据分组   (B) 保证可靠传输

    (C) 确定数据传输路径   (D) 提高传输速度

43. (   )不属于网络协议。

    (A) HTTP   (B) FTP   (C) TCP/IP   (D) HTML

44. 网际协议版本 4 规定,IP 地址是由(   )字节组成的。

    (A) 1 个   (B) 2 个   (C) 3 个   (D) 4 个

45. 在 Internet 上,已分配的 IP 地址所对应的域名可以是(   )。

    (A) 1 个   (B) 2 个   (C) 3 个以内   (D) 多个

46. 网际协议版本 4 规定,Internet 中的 IP 地址由(   )位二进制数组成。

    (A) 8   (B) 16   (C) 32   (D) 64

47. 因特网上,每台计算机有一个规定的"地址",这个地址被称为(   )。

    (A) TCP   (B) IP   (C) Web   (D) HTML

48. 每台计算机必须知道对方的(   )才能在 Internet 上与之通信。

    (A) 电话号码   (B) 主机号

    (C) IP 地址   (D) 邮编与通信地址

49. MAC 地址指的是(　　　)。

(A) IP 地址的简称 (B) CPU 的编号

(C) 计算机厂商所在地 (D) 网卡的物理地址

50. 在因特网中,依靠(　　)来识别主机。

(A) 网卡 MAC 地址 (B) 主机名

(C) IP 地址 (D) 主机的域名

51. IP 地址是(　　)。

(A) 接入 Internet 的计算机地址编号 (B) Internet 中网络资源的地理位置

(C) Internet 中的子网地址 (D) 接入 Internet 的局域网

52. Internet 信息传递中,(　　)是不可少的。

(A) 接收方 IP 地址 (B) 文字或图像

(C) 日期与时间 (D) 文件或目录名

53. 下列符合 IP 地址格式的是(　　　)。

(A) 202.115.116.59 (B) 202,84,13,5

(C) 202.117.276.75 (D) 202:84:101:66

54. (　　)不是一个正确的 IP 地址形式。

(A) 1.162.0.2 (B) 321.123.0.2

(C) 192.168.0.20 (D) 156.123.0.2

55. Internet 中,IP 地址的组成是(　　　)。

(A) 国家代号和国内电话号码 (B) 国家代号和主机号

(C) 网络号和邮政代码 (D) 网络号和主机号

56. Internet 中,域名与 IP 地址之间的翻译是由(　　　)来完成的。

(A) 用户计算机 (B) 代理服务器

(C) 域名服务器 (D) Internet 服务商

57. IP 地址是一串难以记忆的数字,人们用域名来代替它,完成 IP 地址和域名之间转换工作的是(　　)服务器。

(A) DNS (B) URL (C) UNIX (D) ISDN

58. DNS 是一个域名服务的协议,提供(　　)服务。

(A) 域名到 IP 地址的转换 (B) IP 地址到域名的转换

(C) 域名到物理地址的转换 (D) 物理地址到域名的转换

59. Internet 中,URL 的含义是(　　　)。

(A) 统一资源定位器 (B) Internet 协议

(C) 简单邮件传输协议 (D) 传输控制协议

60. 某 URL 为 ftp://ftp.bjfu.edu.cn/,则访问该资源所用的协议是(　　　)。

(A) 文件传输协议 (B) 超文本传输协议

(C) 分布式文本检索协议 (D) 自动标题搜索协议

61. 下面是某单位主页的 Web 地址 URL,其中符合 URL 格式的是(　　　)。

(A) http//www.bjfu.edu.cn (B) http:www.bjfu.edu.cn

(C) http://www.bjfu.edu.cn (D) http:/www.bjfu.edu.cn

62. URL 的基本格式为(　　)。

(A) 协议类型/服务器/路径

(B) 协议类型://端口号/路径/服务器

(C) 协议类型://服务器:端口号/路径/

(D) 协议类型://服务器/路径:端口号

63. URL 为 http://www.bjfu.edu.cn/index.html,其中 www.bjfu.edu.cn 是指(　　)。

(A) 一个主机的域名　　　　　　　(B) 一个主机的 IP 地址

(C) 一个 Web 主页　　　　　　　(D) 网络协议

64. 一个主机的域名为 http://www.pku.edu.cn,其中表示中国的是(　　)。

(A) cn　　　　　(B) http　　　　　(C) edu　　　　　(D) www

65. Internet 服务提供商的简称是(　　)。

(A) ASP　　　　　(B) ISP　　　　　(C) USP　　　　　(D) NSP

66. 用户有了可以上网的计算机系统后,一般需要找一家(　　)注册入网。

(A) 软件公司　　　(B) 系统集成商　　　(C) ISP　　　　　(D) 邮电局

67. (　　)命令可以用于测试两台机器之间或上网后欲访问的网站是否有通路。

(A) Netscape　　　(B) Explore　　　(C) Telnet　　　　(D) Ping

68. 计算机网络能传送的信息是(　　)。

(A) 所有的多媒体信息　　　　　　(B) 只有文本信息

(C) 除声音外的所有信息　　　　　(D) 文本和图像信息

69. 国际互联网最早是由(　　)发展而来的。

(A) ARPANET　　(B) Ethernet　　　(C) ETH　　　　　(D) Internet

70. Internet 最初创建的目的是用于(　　)。

(A) 政治　　　　　(B) 经济　　　　　(C) 教育　　　　　(D) 军事

71. Internet 网络是(　　)出现的。

(A) 1980 年前后　(B) 70 年代初　　(C) 1989 年　　　(D) 1991 年

72. Internet 是(　　)。

(A) 国际互联网　　(B) 校园网　　　　(C) 内部网　　　　(D) 邮电网

73. 关于 Internet 的概念叙述错误的是(　　)。

(A) Internet 即国际互连网络　　　(B) Internet 具有网络资源共享的特点

(C) 在中国称为因特网　　　　　(D) Internet 是局域网的一种

74. Internet 上有许多应用,其中主要用来浏览网页信息的是(　　)。

(A) E-mail　　　　(B) FTP　　　　　(C) Telnet　　　　(D) WWW

75. WWW 是(　　)。

(A) World Wide Web　　　　　　(B) Wide World Web

(C) Web World Wide　　　　　　(D) Web Wide World

76. WWW 以(　　)方式提供世界范围的多媒体信息服务。

(A) 文本　　　　　(B) 信息　　　　　(C) 超文本　　　　(D) 声音

77. 互联网上的服务都基于某一种协议,其中 WWW 服务基于( )协议。
    (A) POP3　　　　(B) SMTP　　　　(C) HTTP　　　　(D) Telnet

78. WWW 提供的搜索引擎主要用来帮助用户( )。
    (A) 在 WWW 上查找朋友的邮件地址　　(B) 查找哪些朋友现在已经上网
    (C) 查找自己的电子邮箱是否有邮件　　(D) 在 Web 上快捷地查找需要信息

79. 以下的搜索引擎中,目前使用最广泛的中文搜索引擎是( )。
    (A) http://www.yahoo.com　　　　(B) http://www.baidu.com
    (C) http://www.google.com　　　　(D) http://www.sogou.com

80. 在网上使用搜索引擎查找信息时,必须输入( )。
    (A) 网址　　　　(B) 名称　　　　(C) 类型　　　　(D) 关键字

81. 下列关于搜索引擎的描述中错误的是( )。
    (A) 搜索引擎一般采用关键字的查询方式
    (B) 一般的搜索引擎支持逻辑运算
    (C) 一般的搜索引擎可以进行模糊查询
    (D) 搜索引擎只能搜索英文信息

82. 以下是 Internet 的基本功能,其中,中英文意义匹配的是( )。
    (A) 文件传输协议和 FTP　　　　(B) 电子公告板系统和 HTTP
    (C) 万维网浏览和 E-mail　　　　(D) 电子邮件和 BBS

83. 在 Internet 中,用户通过 FTP 可以( )。
    (A) 发送和接收电子邮件　　　　(B) 上传和下载文件
    (C) 浏览远程计算机上的资源　　(D) 进行远程登录

84. Telnet 是( )。
    (A) 终端服务　　(B) 远程登录　　(C) 修改密码　　(D) 电报网络

85. 可以通过( )发布信息、了解信息,也可以即时与他人聊天。它就像一块巨大的公共广告栏,用户可以随便张贴,也可浏览其他人的广告。
    (A) Web　　　　(B) BBS　　　　(C) FTP　　　　(D) IP 地址

86. ( )不是 BBS 的功能。
    (A) 讨论及交流　　(B) 聊天　　　　(C) 收发电子邮件　　(D) 听歌

87. 中国公用计算机互联网的简称是( )。
    (A) CSTNET　　(B) CHINAGBNET　(C) CERNET　　(D) CHINANET

88. 网址字符的开头的"HTTP"表示为( )。
    (A) 高级程序设计语言　　　　(B) 域名
    (C) 超文本传输协议　　　　　(D) 网址

89. Web 上的信息是由( )语言来组织的。
    (A) C　　　　(B) BASIC　　　　(C) Java　　　　(D) HTML

90. 在 Internet 浏览时,鼠标移到某处变成( )时,单击鼠标可进入下一个网页。
    (A) 十字型　　(B) I 字型　　　　(C) 箭头型　　　　(D) 手型

91. HTML 表示(　　)。

　　(A) 超文本传输协议　　　　　　　　(B) 超文本置标语言

　　(C) 传输控制协议　　　　　　　　　(D) 统一资源管理器

92. 在 Internet 上用于收发电子邮件的协议是(　　)。

　　(A) TCP/IP　　　(B) IPX/SPX　　　(C) POP3/SMTP　　(D) NetBEUI

93. (　　)是发送 E-mail 所用的网络协议。

　　(A) SMTP　　　(B) POP3　　　(C) HTTP　　　(D) FTP

94. 电子邮件是(　　)。

　　(A) 网络信息检索服务

　　(B) 通过 Web 网页发布的公告信息

　　(C) 通过网络实时交互的信息传递方式

　　(D) 一种利用网络交换信息的非交互式服务

95. 关于收发电子邮件,下列说法错误的是(　　)。

　　(A) 向邮件接收者发送电子邮件时,并不要求对方开机

　　(B) 可通过电子邮件发送可执行文件

　　(C) 发送方无需有接收方的电子邮件地址就能发送邮件

　　(D) 一次发送操作可以将一封电子邮件发送给多个接收者

96. 在 Outlook Express 软件设置中,POP3 服务器中应该填写(　　)。

　　(A) 邮件发送服务器地址　　　　　　(B) 邮件接收服务器地址

　　(C) 用户的本地地址　　　　　　　　(D) 用户的 E-mail 地址

97. 下列正确的电子邮件地址是(　　)。

　　(A) lintao.263.com　　　　　　　　(B) 263.com.lintao

　　(C) lintao@263,com　　　　　　　　(D) lintao@263.com

98. Outlook Express 可用来(　　)邮件。

　　(A) 接收　　　(B) 发送　　　(C) 接收和发送　　　(D) 以上选项均错

99. 发送电子邮件时,如果新邮件的抄送框内输入了多个电子邮箱地址,则地址之间要用(　　)隔开。

　　(A) 分号(;)　　(B) 点(.)　　　(C) 冒号(:)　　　(D) 空格

100. 电子邮件中所包含的信息(　　)。

　　(A) 只能是文字　　　　　　　　　　(B) 只能是文字与图形图像信息

　　(C) 只能是文字与声音信息　　　　　(D) 可以是文字、声音和图形图像信息

101. E-mail 地址的格式是(　　)。

　　(A) www.zjschool.cn　　　　　　　　(B) 网址·用户名

　　(C) 账号@邮件服务器名称　　　　　(D) 用户名·邮件服务器名称

102. 电子邮件到达时,如果并没有开机,那么邮件将(　　)。

　　(A) 退回给发件人　　　　　　　　　(B) 开机时对方重新发送

　　(C) 该邮件丢失　　　　　　　　　　(D) 保存在服务商的 E-mail 服务器上

103. 欲将一个可执行文件通过邮件发送给远方的朋友,可以将该文件放在邮件的(   )。

(A) 主题中　　　(B) 正文中　　　(C) 附件中　　　(D) 收件人中

104. 使用 IE 浏览器访问 IP 地址为 210.34.6.1 的 FTP 服务器,正确的 URL 地址是(   )。

(A) http://210.34.6.1　　　　　　(B) 210.34.6.1

(C) ftp://210.34.6.1　　　　　　(D) ftp://210,34,6,1

105. 某人的 E-mail 地址是 lee@sohu.com,则邮件服务器地址是(   )。

(A) lee　　　　　　　　　　　(B) lee@

(C) sohu.com　　　　　　　　(D) lee@sohu.com

106. 用户想在网上查询 WWW 信息,必须安装并运行一个被称为(   )的软件。

(A) 适配器　　　(B) 浏览器　　　(C) YAHOO　　　(D) FTP

107. 下列(   )软件不是 WWW 浏览器。

(A) Internet Explorer　　　　　(B) NetScape Navigator

(C) Opera　　　　　　　　　(D) C++ Builder

108. 如果想在 IE 浏览器中保存一个网址,则可以使用浏览器的(   )功能。

(A) 历史　　　(B) 搜索　　　(C) 收藏　　　(D) 转移

109. 利用 IE 浏览器想访问最近曾经访问过的网页,可以使用浏览器的(   )按钮。

(A) 搜索　　　(B) 收藏　　　(C) 历史　　　(D) 刷新

110. 下列关于 IE 的收藏夹说法中错误的是(   )。

(A) 收藏夹中保存的是一些网址

(B) 收藏夹中的信息可以被删除

(C) 收藏夹只能本机使用,无法复制

(D) 收藏夹实际是 Windows 中的一个文件夹

111. 目前网络中提供了多种信息交流方式,(   )可以提供实时的语音交流服务。

(A) E-mail　　　(B) BBS　　　(C) QQ　　　(D) Weblog

112. 以网页形式存储着信息资源的 WWW 服务器又被称为(   )。

(A) 主页　　　(B) 底页　　　(C) 搜寻引擎　　　(D) 网站

113. 主页的含义是指(   )。

(A) Web 站点默认的首页

(B) 在浏览器中设定的第一个显示的页面

(C) 网页的另一种说法

(D) Web 站点中的主要页面

114. 网页中,表单的作用主要是(   )。

(A) 收集资料　　　(B) 发布信息　　　(C) 处理信息　　　(D) 分析信息

115. 网页制作中,我们经常用(   )的方法进行页面布局。

(A) 文字　　　(B) 表格　　　(C) 表单　　　(D) 图片

116. 网页中最为常用的两种图像格式是(　　)。

    (A) JPEG 和 GIF   (B) GIF 和 BMP

    (C) JPEG 和 PSD   (D) BMP 和 PSD

117. 网上播出的歌曲采用流行的音乐压缩格式是(　　)。

    (A) MP3   (B) WAV

    (C) MIDI   (D) Real Player

118. (　　)是主页制作的工具。

    (A) Netscape   (B) Dreamweaver

    (C) Internet Explorer   (D) Firefox

119. 以(　　)后缀结尾的文件不是网页文件。

    (A) HTML   (B) ASP   (C) PDF   (D) JSP

120. 以下(　　)文件类型属于 WWW 网页文件。

    (A) JPG   (B) HTML   (C) ZIP   (D) AVI

9.2　填空题

1. 计算机技术和_____技术相结合,出现了计算机网络。

2. 计算机网络最突出的优点是_____。

3. 计算机网络中,可以共享的资源是_____。

4. 局域网的英文缩写是_____。

5. 广域网和局域网是按照_____来分的。

6. 在地理上局限在较小范围,属于一个部门或单位组建的网络属于_____。

7. 计算机网络中,WAN 表示_____。

8. 计算机网络可以有多种分类,按拓扑结构分,可以分为_____结构、_____结构、_____结构和_____结构等。

9. 在计算机网络中的_____能进行信号的数/模、模/数转换。

10. OSI(开放系统互联)参考模型的最高层是_____。

11. IP 地址可以标识 Internet 上的每台电脑,但是很难记忆,为了方便,我们使用_____给主机赋予一个用字母代表的名字。

12. 网络中,计算机之间的通信是通过_____实现的,它们是通信双方必须遵守的约定。

13. FTP 是一个_____协议,它可以用来从网络向本地计算机下载文件和将本地计算机的文件发送到网络上。

14. 在因特网上,每台主机都有唯一的地址,该地址由纯数字组成,并用小数点分开,称为_____。

15. 根据国际协议版本 4 的规定,网络上使用的 IP 地址是一个_____的二进制地址。

16. 中国电信、中国联通等这些为普通用户提供 Internet 接入服务的公司被称为_____。

17. Web 上每一个页都有一个独立的地址，这些地址称作统一资源定位器，即_____。

18. Internet 网是目前世界上第一大互联网，它起源于美国，其前身是美国国防部资助建成的_____网。

19. 当前世界上使用最多、覆盖面最大的网络称作_____。

20. 在 Internet 的域名中，代表计算机所在国家或地区的符号".cn"是指_____。

21. 域名中的后缀 edu 表示机构所属类型为_____。

22. Internet 中，"WWW"的中文名称是_____。

23. 因特网上专门提供网上搜索的工具称作_____。

24. IE 浏览器中，若要查看已经保存起来的经常访问的站点，可以单击_____。

25. 因特网上的电子公告栏系统简称_____。

26. 远程登录服务的英文缩写是_____。

27. SMTP 指的是_____。

28. 使用 Dreamweaver 制作的网页都存储在本地计算机硬盘中，如果想让更多的人浏览这些网页，必须把网页发布到_____上去。

9.3　操作题

9.3.1　实验一　组建一个简单的对等局域网

将房间内的 4 台电脑和一台打印机组建成一个简单的对等局域网，该对等局域网使用的拓扑结构是星型拓扑结构，在这个对等网中，各台计算机之间可以实现打印机共享和文件共享。组建的网络形式如图 9.1 所示。

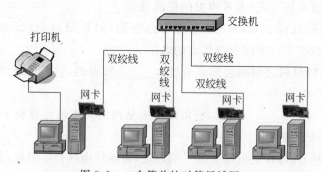

图 9.1　一个简单的对等局域网

　大学计算机基础习题与实验指导

【实验目的】

1. 熟悉计算机网络的拓扑结构,特别是星型结构的优缺点。
2. 熟悉组建一个对等局域网所需要的网络硬件设备及其作用。
3. 理解对等网络的特点,掌握在对等网中实现资源共享的方法。
4. 了解网络协议和网络软件的安装及参数的设置。

【实验内容】

1. 为组建对等局域网准备所需的实验设备和材料。

组建一个小型对等局域网需要的所有硬件包括:4 台计算机、4 块网卡、1 台多端口的交换机(例如 DES-1024 交换机或选择 1 台多端口的路由器),以及 4 根长度足够的双绞线和 8 个 RJ-45 水晶头。

2. 组建简单的对等局域网。

操作指导:

(1) 安装网卡和网卡驱动程序。

首先关掉计算机的电源,打开主机箱,在主板上找一个与网卡总线类型一致的扩展槽,拆除插槽后的金属挡片,将一块网卡插入计算机主板的插槽中(有些计算机的网卡已经集成在主板内,不需另外安装网卡,可以直接使用)。最好选择支持即插即用的网卡,这样当操作系统重新启动时,会自动检测到网卡,并为其安装相应的网卡驱动程序。

(2) 安装网络协议。

协议是网络中计算机之间相互通信的一种语言。如果每台计算机使用的操作系统都是 Windows XP,安装完网卡和网卡驱动程序后,系统会自动安装 TCP/IP 协议,并自动创建一个网络连接。

如果想要对等网中的用户在网络上共享文件和打印机,就一定要添加"Microsoft 网络的文件和打印机共享"服务程序。在 Windows XP 环境下,要连接一个局域网并共享资源,添加以上组件是必不可少的。一般情况下,这也是系统默认安装的。协议安装如图 9.2 所示。

在"选择网络组件类型"对话框中单击"添加"按钮后,在弹出的"选择网络协议"对话框中选择所需要的协议,然后按下"确定"按钮,完成安装。

安装完网络协议后,需要对 TCP/IP 协议进行相应的设置。因为网络的每台计算机必须具有唯一的 IP 地址,如同每个人都有一个身份证一样,所以要为每台计算机设置一个有效地 IP 地址,这样在局域网中如果想要访问某台

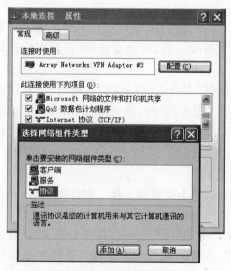

图 9.2　安装网络协议

计算机的资源,就可以先根据这个唯一的 IP 地址,准确无误的找到这台计算机,然后访问这台计算机的资源。

(3) 设置 IP 地址和子网掩码、网关和 DNS 服务器。

设置的具体操作如下:先对其中的一台计算机进行操作,鼠标右键单击"本地连接",选择"属性"命令,在弹出的"本地连接 属性"对话框中选择"常规"选项卡,选择"Internet 协议(TCP/IP)",然后单击"属性"按钮,打开"Internet 协议(TCP/IP) 属性"对话框,在该对话框的 IP 地址栏中输入指定的地址内容。例如,IP 地址是"202.204.125.1",子网掩码是"255.255.255.0",还要设置网关和域名服务器地址,然后单击"确定"按钮。设置界面参考图 9.3。同理,设置其他 3 台计算机的 IP 地址等。

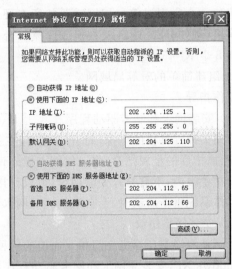

(a)"本地连接 属性"对话框   (b) 设置IP地址、子网掩码、网关和DNS服务器

图 9.3 协议的设置

(4)设置工作组和计算机名。

Windows XP 操作系统的对等网是基于工作组方式的,这是因为工作组适用于对等网模式。需要注意的是,对等局域网内的计算机名是唯一的,不能重复,并且所有的计算机都属于同一个工作组。

在桌面上,鼠标右键单击"我的电脑",选择"属性"命令,在弹出的"系统属性"对话框中选择"计算机名"选项卡,如图 9.4(a)所示。单击"更改"按钮,弹出如图 9.4(b)所示的对话框,在"计算机名"文本框中输入计算机名,在"工作组"文本框中输入工作组名(默认为 WORKGROUP),单击"确定"按钮即可设置完毕。

(5) 制作网线。

如果已经购买好两头装有 RJ-45 插头的直通线,则不需要这一步。制作网线时,要备有一把压线钳,双绞线与 RJ-45 水晶插头需使用专用的压线钳压接。

具体的压线方法是:首先剪裁适当长度的双绞线,用剥线钳剥去其端头外皮(注意内芯的绝缘层不要剥除),露出大约 2~3cm 的线芯,按线的颜色顺序是将 8 条线芯扁平排列(两端采用 EIA/TIA 568B 标准),剪去 8 条线芯长短不齐的部分,保留 1.4cm 塑料皮,然后将线头插入 RJ-45 水晶插头,再用压线钳压紧,使水晶头上的 8 个插针分别插入线芯的塑料皮内,与其铜导线连接。确定线芯与水晶插头之间没有松动,这样一个接头就完成了。网线另一端的制作方法与上述过程相同。

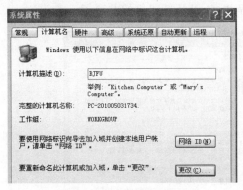 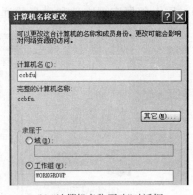

(a)"系统属性"对话框   (b)"计算机名称更改"对话框

图 9.4　设置计算机名和工作组

(6) 组建网络和测试网络的连通性。

当 4 台计算机都已经安装了网卡,配置了正确的协议和参数,以及制作了网线以后,现在就可以按照规划好的星型拓扑结构,用网线把交换机和 4 台计算机连接起来,并打开计算机和交换机的所有电源,既可组建成一个对等局域网。

① 使用网上邻居测试网络是否连通。在一台计算机的桌面上双击"网上邻居",如果在打开的窗口中看到自己的计算机名和其他计算机名,这就表示网络已经连通了。

② 使用 PING 命令测试网络的连通性。执行 PING 命令可以测试本机与目的计算机之间的连接速度,一般时延值越大,速度越慢。它利用网络计算机 IP 地址的唯一性,给目标 IP 地址发送一个数据包,再要求对方返回一个同样大小的数据包来确定两台主机的网络连接是否相通,时延多少。

(7) 设置打印机和文件夹共享。

现在各台计算机可以实现打印机和文件夹的共享功能。由于前面已经在"本地连接属性"对话框中添加了"Microsoft 网络的文件和打印机共享"服务程序,所以只要对等网中直连打印机的主机用户把自己的打印机设置为共享,那么所有对等网上的其他用户都可以像使用本地的打印机和文件夹一样使用共享打印机和共享文件夹。

① 设置打印机共享。单击"开始"按钮,选择"控制面板",在控制面板窗口中双击"打印机和传真"图标,在弹出的"打印机和传真"窗口中,选择想要共享的打印机的图标,右键单击,在弹出的快捷菜单中选择"共享"命令即可,共享后的打印机如图 9.5 中的(a)所示。

② 设置本地文件夹共享。选中要共享的文件夹,单击鼠标右键,在弹出的快捷菜单中选择"共享和安全"命令,然后在弹出的该文件夹的属性对话框中选择"共享"选项卡,再在"网络共享和安全"中选中"在网络上共享这个文件夹"的复选框,并输入该文件夹的共享名,如图 9.5 中的(b)所示。如果同时还选中"允许网络用户更改我的文件"复选框,则

其他用户可读/写该文件夹中的文件,否则只可以读该文件夹中的文件。共享后的文件夹的图标中将出现一个上托的手掌,如图9.5中的(c)所示。

至此,一个可以实际使用的对等局域网就组建完毕了,现在这个房间内的4台计算机可以通过网上邻居实现文件和磁盘的远程共享,以及打印机的共享了。

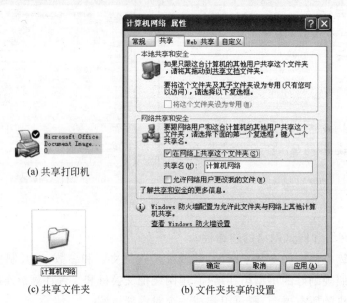

(a) 共享打印机

(c) 共享文件夹   (b) 文件夹共享的设置

图9.5　打印机和文件夹的共享设置

9.3.2　实验二　计算机网络的基本配置

【实验目的】

1. 熟悉网卡,掌握如何察看网卡的型号、MAC地址、IP地址等参数。
2. 熟悉Windows中的网络协议及各参数的设置和基本意义。
3. 掌握网络测试命令ping的用法。

【实验内容】

1. 网卡是网络中不可缺少的网络设备,熟悉和掌握网卡的设置方法,对正常的使用网络有非常重要的意义。本部分要完成以下任务:

(1) 利用Windows下ipconfig命令查看网卡的基本参数。

操作指导:

想要获取本机的网卡物理地址,可以使用Windows自带的ipconfig/all命令来实现。在操作系统Windows XP中,首先单击"开始菜单"中"运行"选项,输入"cmd",回车后,即可打开DOS运行界面,然后在"命令提示符"下输入命令:

```
ipconfig/all<按回车键>
```

屏幕上将显示出本机网卡的基本参数,包括所用计算机的主机名(Host Name)、网卡型号(Description)、网卡物理地址(Physical Address,即本机的 MAC 地址)、IP 地址(IP Address)、子网掩码(Subnet Mask)、网关(Default Gateway)等。

例如:

```
Windows IP Configuration
Host Name..............        : ccbfu
Primary Dns Suffix.......      :
Node Type..............        : Unknown
IP Routing Enabled........     : No
WINS Proxy Enabled.......      : No
Ethernet adapter 本地连接      :
Connection-specific DNS Suffix :
Description..............      : Realtek RTL8139 Family PCI Fast Ethernet NIC
Physical Address...........    : 25-37-02-90-3F-CA-AE (网卡物理地址)
DHCP Enabled..............     : No
IP Address.................    : 202.204.125.1(IP 地址)
Subnet Mask...............     : 255.255.255.0 (子网掩码)
Default Gateway...........     : 202.204.125.110 (网关)
DNS Servers...............     : 202.204.112.65(DSC 服务器)
```

(2) 设置和修改网络的一些参数,包括 IP 地址、网关等。

操作指导:

首先在桌面的"网上邻居"图标上单击鼠标右键,在弹出的快捷菜单中选择"属性",将打开"网络连接"窗口。选择窗口里的"本地连接"图标后单击鼠标右键,又弹出一个快捷菜单,执行其中的"属性"命令,打开"本地连接属性"对话框,然后在"此连接使用下列项目"列表中会出现网卡和 TCP/IP 协议组件。双击"Internet 协议(TCP/IP)"选项,打开的窗口内容如图 9.3 所示。可以通过该窗口查看并设置和修改本机的 IP 地址、网关等网络参数。

注意:IP 地址是计算机在网络中的身份证,所以不能重复。

2. 学习和了解 ping 命令。

操作指导:

ping 是使用频率极高的实用程序,可用于确定本地主机是否能与另一台主机交换(发送与接收)数据报。根据返回的信息,可以推断 TCP/IP 参数是否设置得正确,以及运行是否正常。

一般在 DOS 命令窗口中执行 ping 命令。ping 命令的常用格式是:

ping 目标计算机的 IP 地址或目标计算机名

(1) 检查本机的网络设置是否正常,使用的命令格式是:

ping 本机的 IP 地址

(2) 检查本机到默认网关是否连通,使用的命令格式是:

ping 默认网关的 IP 地址

(3) 检查本机与本局域网中相邻计算机是否连通,使用的命令格式是:

ping 相邻计算机的 IP 地址

或采用:

ping 相邻计算机的计算机名

(4) 检查本机到 Internet 是否连通,使用的命令格式是:

ping Internet 上某台服务器的 IP 地址或域名。

例如,要检查本机是否可以访问新浪网站,可以使用如图 9.6 所示的 ping 命令。

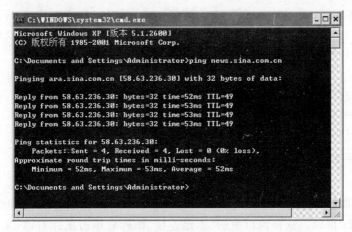

图 9.6　ping 命令

图 9.6 的显示内容表明了 TCP/IP 协议已处在正常执行的状态下。ping 命令自动向目的计算机发送一个 32B 的测试数据包,同时计算出目的计算机响应的时间。这里显示了默认发送过 4 次数据包,并给出了目的计算机响应的时间。如果 ping 命令执行后返回"Request time out"信息,则说明目的计算机没有响应。

9.3.3　实验三　Internet 应用服务

Internet 巨大的吸引力来源于它强大的服务功能。遍布于世界各国的 Internet 提供商 ISP 可以向用户提供多种多样的服务。传统的 Internet 服务包括:WWW、搜索引擎、E-mail、FTP、BBS、电子商务、微博等。

【实验目的】

1. 了解 Internet 的发展过程,掌握浏览器的基本操作,包括浏览 Web 网页、收藏网站地址、保存网页、打印网页等。

2. 了解 Internet 的基本应用,包括 WWW、搜索引擎、邮件、电子商务和微博等。

3. 掌握搜索引擎的使用方法,使用常用的搜索引擎查找所需的网络资源。

4. 掌握利用邮箱管理进行书写、发送、回复、转发邮件,学会使用软件 Outlook Express 完成收发邮件的工作。

5. 了解什么是网上购物,了解网络购物的一般过程。

6. 了解什么是微博,了解申请及书写微博的一般过程。

【实验内容】

1. 使用浏览器浏览网页,如 http://www.sina.com.cn、http://baike.baidu.com 等。

操作指导:

打开计算机,选择一种网页浏览器(例如,选用火狐浏览器),在浏览器的地址栏中输入新浪主页的网址即可(例如,输入 http://www.sina.com.cn)。图 9.7 就是火狐浏览器显示的网页页面。

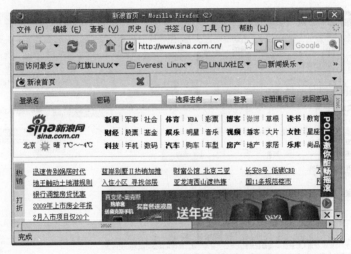

图 9.7　火狐浏览器的网页浏览界面

使用网页浏览器的时候,可以把喜欢的页面添加到收藏夹中,也可以把需要的页面保存下来。图 9.8 显示了在火狐浏览器中保存网页的方法。还可以执行窗口菜单栏的"文件"→"页面另存为"命令,也可以实现保存当前的网页。

2. 利用搜索引擎查找相关的资料。例如,查找如何乘坐公交汽车从海淀区清华东路去西单。

操作指导:

在浏览器(例如,使用 IE 浏览器)中打开一个搜索引擎(例如,利用百度搜索引擎),选择"公交线路查询"作为搜索的关键词。图 9.9 显示了查找的过程。

3. 利用搜索引擎,查找关于向 HTC Desire 手机中导入通讯录的操作方法。

操作指导:

利用搜索引擎查找相关信息时,有时根据一个搜索关键词得到的查找结果太庞杂,不

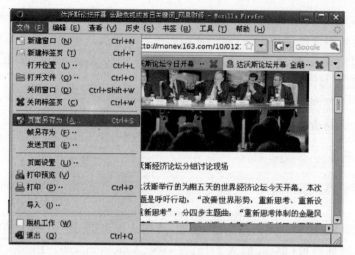

图 9.8　在火狐浏览器中执行保存网页内容

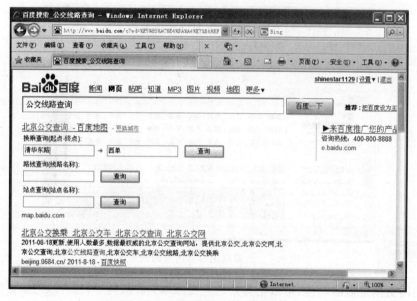

图 9.9　利用搜索引擎查找相关资料

易快速获得准确的信息,这种情况下就需使用多关键词查询来解决问题。选择多个词汇作为搜索的关键词,将可以更准确地描述要查寻的内容,从而减少无用的信息显示。

　　打开一个搜索引擎,在搜索文本框中输入多个关键词,关键词之间用空格间隔。例如,在 IE 浏览器中启动百度搜索引擎,选用"HTC Desire"、"导入通讯录"作为搜索时指定的两个关键词。操作方法及查找结果如图 9.10 所示。

　　4. 保存查寻结果,从网页中只摘取文字内容保存到文本文件。例如,访问一个感兴趣的网站,将其中一个网页中的文字信息存储到磁盘,生成一个文本文件。

　　操作指导:

　　使用浏览器(例如,使用 360 浏览器)浏览相关网页,执行浏览器菜单栏的"文件"→

　　　　　　　　　　　　大学计算机基础习题与实验指导

图 9.10　在搜索引擎中输入多个词汇作为搜索关键词

"保存网页"命令,打开"保存网页"对话框,选择"保存类型"下拉列表框内的"文本文件(∗.txt)"项来指定只保存网页中的文字信息(如图 9.11 所示),最后按"保存"按钮。

图 9.11　保存网页的文字内容

5. 学习利用 Internet 网络,申请一个免费的电子邮箱。

操作指导:

不同的邮件服务器建立邮箱的方法略有不同。如果想在新浪网站申请一个免费邮箱,则首先登录新浪邮箱的官方网站:http://mail.sina.com.cn(如图 9.12 所示),选择点击"新浪免费邮箱"中的"注册免费邮箱"按钮,进入注册操作界面,按照界面显示的提示内容填写必要信息(如图 9.13 所示),最终完成申请邮箱的操作过程。

图 9.12　新浪邮箱的官方网站

图 9.13　填写申请的新邮箱名称和验证码

6. 登录免费邮箱,学会收发电子邮件。

操作指导:

首先登录新浪邮箱的官方网站,在"邮箱名"位置填写或选择自己已经申请成功的免费邮箱地址,输入邮箱密码(在申请邮箱过程中建立的密码),单击"登录"按钮,打开个人邮箱。接下来就可以开始执行发送邮件和接收邮件的操作。

(1) 接收邮件。

如果要查看收到的邮件,可以单击"收信"按钮或者单击"收件箱",进入邮件列表,点击对应的链接,即可阅读邮件。如图 9.14 所示的"收件夹",可以打开收件箱。在此实例中可以看到已经有一封未拆封的、名为"欢迎使用新浪免费邮箱"的信件。

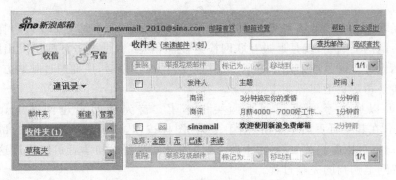

图 9.14 查看所有的来信

（2）写信和发送邮件。

单击"写信"，可以进入写信环境（如图 9.15 所示）。在"收件人"栏中输入收件人的 E-mail 地址；在"主题"栏中输入电子邮件的主题、摘要或关键字（也可以不输入）。在"正文"中输入邮件正文。填好以上各项内容后，单击"发送"按钮，即可把电子邮件发送给收件人。例如，填写"收件人"邮箱地址为 ninicat@live.cn；设置"主题"内容为"介绍新书"；在"正文"区域内书写信件的详细内容。信的内容写完后，单击"发送"按钮，将信件发出去。

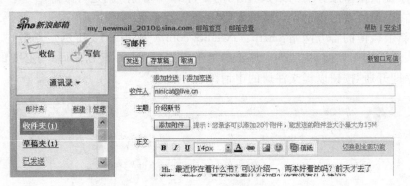

图 9.15 写电子邮件

如果想在信件中夹带一些文件，则可以将这些文件作为附件，在发送信件之前，单击"添加附件"按钮，根据提示内容，指定这些文件在本地计算机存放的位置，将其一个一个地附加至信件中，最后单击"发送"按钮，将信件发送出去。

如果写好的信件不想立即发送，也可以单击"存草稿"按钮，将其暂存在"草稿夹"中。

如果要向多人发送同一封信，则在"收信人"文本框中填写多个收件（邮箱）地址，且每两个邮箱地址之间用分号"；"间隔。例如，lili@126.com；tom@live.cn。

7. 学习使用 Outlook Express 收发电子邮件。

操作指导：

具体的操作方法请参考《大学计算机基础》（陈志泊主编，清华大学出版社，2011）第 9 章第 9.4 节的内容。

8. 了解网上购物的操作过程。选择一个可以购书的网站，通过网上查找、挑选、填写订单等过程,体验如何利用 Internet,实现网上购书。

操作指导:

随着互联网在中国的进一步普及应用,网上购物已经成为现代年轻人购物的一种常见方式。所谓网上购物,就是通过互联网检索商品信息,通过电子订购单发出购物请求,在填写了私人支票账号或信用卡号码(或其他支付方式)以后,厂商通过邮购方式发货,或是通过快递公司送货上门等购得商品。

例如,可以通过登录卓越网来购买一本书。首先访问卓越网站 http://www.amazon.cn,在其主页页面中点击"新手上路"图标按钮,随即打开卓越网的帮助中心窗口,在该窗口下可以看到关于"新手上路"的详细操作说明。初学者可以通过这个界面来学习和了解网上购物的完整过程。

注意:如果不想真正购买图书,请不要点击"订单确认"键。

9. 建立属于自己的微博。

操作指导:

博客是一种由个人管理、不定期张贴新的文章的平台。微博即微型博客,它是新兴起的一个基于用户关系的信息分享、传播以及获取的平台,用户可以通过 Web、WAP 以及各种客户端组建个人社区。微博有字数限制,一般要求不超过 140 个文字,它的短小使其便于更新和即时分享。最早、最著名的微博是美国的 twitter。2009 年 8 月。新浪成为了中国第一家提供微博服务的网站,现在网上流行的"织围脖"就是写微博,

首先在新浪微博内申请一个微博账号。

登录新浪微博的官方网站:http://weibo.com/(如图 9.16 所示),点击"立刻注册"按钮,进入注册操作界面,按照界面显示的提示内容(如图 9.17 所示)填写必要的信息,最后单击"立即开通"按钮以提交注册的申请。

图 9.16　新浪微博界面的主要部分

一旦提交信息后,系统会提示去激活刚才填写的邮箱(如图 9.18 所示)。单击邮件地址,可以直接打开邮箱,激活注册的邮件,最终完成注册过程。此后,就可以登录新浪微博(如图 9.19 所示)写微博了。写好微博以后,点击"发布"按钮即可执行发布过程。

从此以后,用户就可以通过计算机或手机随时随地地发微博了。

图 9.17　新浪微博注册界面

图 9.18　提示激活邮件，才能完成注册

图 9.19　写微博的界面

9.3.4 实验四 创建一个网站

【实验目的】

1. 掌握建立网站和管理网站的方法。

2. 熟悉 Dreamweaver 网页制作软件的基本用法。

3. 熟悉网页布局方法,学习创建简单的网页。

4. 实际动手建立一个网站,巩固网页设计理论知识,掌握设计和建立网站的基本方法。

【实验内容】

1. 选择和建立一个主题和风格,创建一个个人网站。创建该网站的目的是为了向其他人介绍自己,给自己一个能展示个人兴趣和能力的平台。内容主要包括自我介绍,介绍个人的一些情况,如学习、性格、爱好兴趣、相册、学校、班级和参加社团活动等多个方面。可以建立个人网站站点为"mywebsite"。

2. 收集各种可能需要的设计素材。题材选定以后,需要搜集所需要的图片、文字、音频和视频等素材。要想让该个人的网站有特点,能够吸引住用户,需要收集尽可能多的素材,往往搜集得材料越多,以后制作网站就越容易。

3. 规划网站,对网页的整体框架和结构进行设计。可以用树状结构先把每个页面的内容大纲列出来。

操作指导:

首先要知道该网站需要包括多少网页,明确每个网页的功能和内容。假设创建的网站至少包括 5 个页面(首页、自我介绍、我的相册、我的班级和给我留言),并且要求制作的每个网页具有统一的风格,包括布局和色调,网页布局可以使用框架或表格来设置,网站整体色调要和谐,不能给人一种杂乱的感觉。版面设计要灵活,并且每个网页中应有自己精心设计的 logo。

4. 选择合适的制作工具。制作网页的首选工具当然是 Dreamweaver。另外,为了处理网页中的其他元素,还可以使用 PhotoShop 等软件。

5. 进行网页的制作。

操作指导:

使用 Dreamweaver,在第 1 步创建的 mywebsite 站点中再创建多个网页。这些网页都应该建立在本地站点中,并且对网页制作中所需的各种素材进行统一的管理。例如,将图片存入"image"文件夹,该文件夹是专门用来存放网站所有图片类型文件的区域。

6. 进行网页的发布。

操作指导:

使用 Dreamweaver 制作的网页都存储在本地计算机的硬盘中。要想更多的人浏览这些网页,必须把网页发布到 Internet 上。创建 Web 服务器并发布网页,具体发布步骤可以参考《大学计算机基础》(陈志泊主编，清华大学出版社，2011)第 9 章第 9.5 节的内容。

9.4 参考答案

(一)选择题

1. C	2. D	3. D	4. B	5. B	6. A	7. C	8. D
9. B	10. D	11. B	12. B	13. D	14. A	15. B	16. A
17. D	18. B	19. A	20. C	21. A	22. B	23. B	24. C
25. D	26. B	27. A	28. A	29. C	30. C	31. B	32. A
33. C	34. C	35. D	36. C	37. A	38. A	39. A	40. A
41. A	42. B	43. D	44. D	45. D	46. C	47. B	48. C
49. D	50. C	51. A	52. A	53. A	54. A	55. A	56. C
57. A	58. A	59. A	60. A	61. C	62. C	63. A	64. C
65. B	66. C	67. D	68. A	69. A	70. D	71. A	72. A
73. D	74. D	75. A	76. C	77. C	78. D	79. D	80. D
81. D	82. A	83. B	84. B	85. B	86. A	87. D	88. C
89. D	90. D	91. B	92. C	93. A	94. D	95. C	96. B
97. D	98. C	99. A	100. D	101. C	102. D	103. C	104. C
105. C	106. B	107. D	108. C	109. C	110. C	111. C	112. D
113. A	114. A	115. B	116. A	117. A	118. B	119. C	120. B

(二)填空题

1. 通信

2. 资源共享

3. 硬件、软件和数据

4. LAN(局域网)

5. 网络分布和覆盖的地理范围

6. LAN

7. 广域网

8. 星型　总线型　环型　树型

9. 调制解调器

10. 应用层

11. 域名

12. 通信协议

13. 文件传输

14. IP 地址
15. 32 位
16. ISP
17. URL
18. ARPANET
19. Internet
20. 中国
21. 教育机构
22. 万维网
23. 搜索引擎
24. "收藏夹"按钮
25. BBS
26. Telnet
27. 简单邮件传输协议
28. Internet

第 **10** 章 信息安全

信息作为一种特殊的社会资源,它对于人类具有特别重要的意义。信息在计算机网络内的存储、处理和传输过程中,往往会遭受窃取、修改、丢失、泄露及破坏,特别是计算机病毒的不断产生和肆虐的传播,都给信息的安全造成了严重的威胁。

信息安全是一门涉及计算机科学、网络技术、通信技术、密码技术等多种学科的综合性学科。计算机网络和信息系统在给人们带来诸多的便利和巨大的财富的同时,也留下了许多隐患和风险。

本章将就计算机病毒的基础知识,包括计算机病毒的定义、特征、分类;计算机病毒的预防知识;防火墙的基本概念和工作原理;数据加密、数字签名和数字证书等内容,组织建立若干习题,帮助读者通过做练习来了解和掌握信息安全的基础知识。

10.1 选择题

1. 计算机安全包括(   )。

   (A) 操作安全　　　(B) 物理安全　　　(C) 病毒防护　　　(D) 以上选项皆是

2. 计算机病毒是一种(   )。

   (A) 计算机程序　　(B) 电子元件　　　(C) 微生物病毒体　(D) 机器部件

3. 计算机病毒主要会造成(   )的损坏。

   (A) 显示器　　　　　　　　　　　(B) 电源

   (C) 磁盘中的程序和数据　　　　　(D) 操作者身体

4. 下列关于计算机病毒的叙述中,错误的是(   )。

   (A) 计算机病毒是人为编制的一种程序

   (B) 计算机病毒是一种生物病毒

   (C) 计算机病毒可以通过磁盘、网络等媒介传播、扩散

   (D) 计算机病毒具有潜伏性、传染性和破坏性

5. 下列叙述内容中正确的是(   )。

   (A) 计算机病毒一旦运行即进行破坏活动

   (B) 计算机病毒只会破坏磁盘上的程序和数据

   (C) 计算机病毒会干扰或破坏计算机运行

   (D) 防病毒程序不会携带病毒

6. 下面是有关计算机病毒的说法，其中（　　）不正确。

　　（A）计算机病毒有引导型病毒、文件型病毒、复合型病毒等

　　（B）计算机病毒中也有良性病毒

　　（C）计算机病毒实际上是一种计算机程序

　　（D）计算机病毒是由于程序的错误编制而产生的

7. 下列关于计算机病毒的叙述，正确的是（　　）。

　　（A）病毒不一定有破坏性

　　（B）病毒可以自我复制

　　（C）病毒不会通过网络传播

　　（D）病毒发作一次后就永远不会再发作了

8. 下列叙述中正确的是（　　）。

　　（A）计算机病毒只感染可执行文件

　　（B）只感染文本文件

　　（C）只能通过软件复制的方式进行传播

　　（D）可通过读写磁盘或者网络等方式进行传播

9. 下列属性中的（　　）不是计算机病毒的主要特点。

　　（A）传染性　　　　　（B）隐蔽性　　　　　（C）破坏性　　　　　（D）通用性

10. 计算机病毒主要是通过（　　）传播的。

　　（A）U 盘与网络　　（B）微生物病毒　　（C）人体　　　　　（D）电源

11. 下列不属于传播病毒的载体是（　　）。

　　（A）显示器　　　　　（B）U 盘　　　　　（C）硬盘　　　　　（D）网络

12. 下列关于网络病毒描述错误的是（　　）。

　　（A）网络病毒不会对网络传输造成影响

　　（B）与单机病毒比较，加快了病毒传播的速度

　　（C）传播媒介是网络

　　（D）可通过电子邮件传播

13. 当用各种清杀病毒的软件都不能清除某磁盘病毒时，则应该（　　）。

　　（A）丢弃该盘不用　　　　　　　　（B）删除磁盘上所有的文件

　　（C）重新对磁盘进行格式化　　　　（D）删除根目录中的 Windows 文件夹

14. 下列可能使一台计算机感染病毒的行为是（　　）。

　　（A）新建了一个文件夹

　　（B）使用发霉的软盘

　　（C）强行关闭了计算机

　　（D）使用外来软件、光盘或随意打开陌生电子邮件

15. 以下能有效防止感染计算机病毒的措施是（　　）。

　　（A）安装防、杀毒软件，并定时升级

　　（B）不准往计算机中拷贝软件

　　（C）定期对计算机重新安装系统

（D）不要把 U 盘和有病毒的 U 盘放在一起

16. 为防范计算机病毒,不应(　　)。

（A）定期备份系统中的重要数据　　（B）经常使用杀毒软件扫描磁盘

（C）禁止使用 Internet　　（D）使用 E-mail

17. (　　)不是预防计算机病毒的主要做法。

（A）不使用外来软件

（B）定期进行病毒检查

（C）复制数据文件副本

（D）当病毒侵害计算机系统时,应停止使用,清除病毒

18. 计算机病毒通常容易感染扩展名为(　　)的文件。

（A）sys　　　　（B）exe　　　　（C）txt　　　　（D）bak

19. 计算机病毒按寄生方式主要分为三种,(　　)不在其中。

（A）系统引导型病毒　　（B）文件型病毒

（C）混合型病毒　　（D）操作系统型病毒

20. (　　)软件不是杀毒软件。

（A）瑞星　　（B）Word

（C）Norton AntiVirus　　（D）金山毒霸

21. 不属于杀毒软件的是(　　)。

（A）金山毒霸　　（B）木马克星　　（C）FlashGet　　（D）Norton

22. 计算机网络的安全是指(　　)。

（A）网络中设备设置环境的安全　　（B）网络使用者的安全

（C）网络中信息的安全　　（D）网络的财产安全

23. 信息风险主要是指(　　)。

（A）信息存储安全　　（B）信息传输安全

（C）信息访问安全　　（D）以上选项都正确

24. (　　)是用来保证硬件和软件本身安全的。

（A）实体安全　　（B）运行安全

（C）信息安全　　（D）系统安全

25. 从广义来说,凡是涉及到网络上信息的(　　)的相关技术和理论,都是网络安全的研究领域。

（A）保密性、完整性　　（B）可用性、真实性

（C）可控性　　（D）以上选项皆正确

26. 下列情况中(　　)破坏了数据的完整性。

（A）假冒他人地址发送数据　　（B）不承认做过信息的递交行为

（C）数据在传输中途被窃听　　（D）数据在传输中途被篡改

27. 信息不泄露给非授权的用户实体或过程,指的是信息(　　)特征。

（A）保密性　　（B）完整性　　（C）可用性　　（D）可控性

28. 网络攻击的发展趋势是(　　)。
    (A) 黑客技术与网络病毒日益融合　　(B) 攻击工具日益先进
    (C) 病毒攻击　　　　　　　　　　(D) 黑客攻击

29. 属于计算机犯罪的是(　　)。
    (A) 非法截取信息、窃取各种情报
    (B) 复制与传播计算机病毒、黄色影像制品和其他非法活动
    (C) 借助计算机技术伪造篡改信息、进行诈骗及其他非法活动
    (D) 以上选项全对

30. 计算机黑客是指(　　)。
    (A) 能自动产生计算机病毒的一种设备
    (B) 专门盗窃计算机及计算机网络系统设备的人
    (C) 非法编制的、专门用于破坏网络系统的计算机病毒
    (D) 非法窃取计算机网络系统密码,从而进入计算机网络的人

31. (　　)不是黑客的攻击手段。
    (A) 端口扫描　　(B) 直接访问　　(C) 网络监听　　(D) 电子邮件

32. 网络监听是(　　)。
    (A) 远程观察一个用户的电脑　　(B) 监听网络的状态和传输的数据流
    (C) 监视 PC 系统运行情况　　　(D) 监视一个网站的发展方向

33. 黑客搭线窃听属于(　　)风险。
    (A) 信息存储安全　　　　　　　(B) 信息传输安全
    (C) 信息访问安全　　　　　　　(D) 以上都不正确

34. (　　)不是预防黑客的方法。
    (A) 定期升级计算机操作系统　　(B) 加设防火墙
    (C) 定期备份文件　　　　　　　(D) 定期格式化硬盘

35. (　　)类型的软件能够阻止外部主机对本地计算机的端口扫描。
    (A) 反病毒软件　　　　　　　　(B) 个人防火墙
    (C) 基于 TCP\IP 的检查工具如 netstat　(D) 加密软件

36. 为确保企业局域网的安全,防止来自外网的黑客攻击,采用(　　)可以实现一定的防范作用。
    (A) 网管软件　　(B) 邮件列表　　(C) 防火墙　　(D) 防病毒软件

37. 网络防火墙的作用是(　　)。
    (A) 防止内部信息外泄
    (B) 防止系统感染病毒与非法访问
    (C) 防止黑客访问
    (D) 建立内部信息和功能与外部信息和功能之间的屏障

38. 防火墙采用的最简单技术是(　　)。
    (A) 安装保护卡　　(B) 隔离　　　(C) 包过滤　　(D) 设置进入密码

39. 保障信息安全最基本、最核心的技术措施是（　　）。
    （A）信息加密技术   （B）信息确认技术
    （C）网络控制技术   （D）反病毒技术

40. 密钥的长度是指密钥的位数，一般来说，（　　）。
    （A）密钥位数越长，被破译的可能性就越小
    （B）密钥位数越短，被破译的可能性就越小
    （C）密钥位数越长，被破译的可能性就越大
    （D）以上说法都正确

41. 为了避免冒名发送数据或者发送后不承认的情况发生，可以采取的办法是（　　）。
    （A）数字水印   （B）数字签名
    （C）访问控制   （D）发电子邮件确认

42. 数字签名技术的主要功能是（　　）、发送者的身份认证、防止交易中的抵赖发生。
    （A）保证信息传输过程中的完整性   （B）保证信息传输过程中的安全性
    （C）接收者的身份验证   （D）以上选项都是

43. 数字签名技术是公开密钥算法的一个典型的应用，在发送端，它是采用发送者的私钥对要发送的信息进行数字签名，在接收端，采用（　　）进行签名验证。
    （A）发送者的公钥   （B）发送者的私钥
    （C）接收者的公钥   （D）接收者的私钥

44. 可以认为数据的加密和解密是对数据进行的某种变种，加密和解密的过程都是在（　　）的控制下进行的。
    （A）明文   （B）密文   （C）信息   （D）密钥

45. CA 指的是（　　）。
    （A）加密认证   （B）证书授权   （C）虚拟专用网   （D）安全套接层

46. （　　）是网络通信中标志通信各方身份信息的一系列数据，提供一种在 Internet 上验证身份的方式。
    （A）数字认证   （B）数字证书   （C）电子证书   （D）电子认证

47. 数字证书采用公钥体制进行加密和解密，每个用户有一个私钥，它用来进行（　　）。
    （A）解密和签名   （B）解密和验证   （C）加密和   （D）加密和验证

48. 数字证书采用公钥体制进行加密和解密，每个用户有一个公钥，它用来进行（　　）。
    （A）解密和验证   （B）解密和签名   （C）加密和验证   （D）加密和签名

10.2 填空题

1. 计算机病毒是指具有破坏性的_____。

2. 计算机病毒的特点是隐蔽性、潜伏性、_____、_____和_____。

3. 计算机病毒主要是通过_____和_____传播的。

4. 使计算机病毒传播范围最广的媒介是_____。

5. 计算机病毒按寄生方式主要分为三种：_____病毒、文件型病毒和_____病毒。

6. 文件型病毒传染的对象主要是_____和_____文件。

7. 用每种病毒体含有的特征字节串对被检测的对象进行扫描，如果发现特征字节串，就表示发现了该特征串所代表的病毒，这种病毒的检测方法叫做_____。

8. 一个文件被另外一个能完成同样功能的文件代替，但是该文件还完成了能破坏安全的隐秘操作，这种攻击类型是_____。

9. 在网络安全中，未经许可而对信息进行删除或修改的做法，是对_____的攻击。

10. 信息安全危害的两大源头是病毒和黑客，因为黑客是网络的_____。

11. Hacker 是指那些私闯非公开的机构网络进行破坏的人，它的中文俗称是_____。

12. 电子邮件的发件人利用某些特殊的电子邮件软件，在短时间内不断重复地将电子邮件寄给同一个收件人，这种破坏方式叫做_____。

13. _____是设置在被保护内部网络和外部网络之间的一道屏障，以防止破坏性侵入。

14. 实现防火墙的三种主流技术是_____技术、_____技术和_____技术。

15. 信息安全最基本、最核心的技术措施是_____。

16. 为了避免冒名发送数据或者发送后不承认的情况发生，可以采取的办法是_____。

10.3 参考答案

（一）选择题

1. D	2. A	3. C	4. B	5. C	6. D	7. B	8. D
9. D	10. A	11. A	12. A	13. C	14. D	15. A	16. C
17. A	18. B	19. D	20. B	21. C	22. C	23. D	24. A
25. D	26. D	27. A	28. A	29. D	30. D	31. B	32. B
33. B	34. D	35. B	36. C	37. D	38. C	39. A	40. A

41. B   42. A   43. A   44. D   45. B   46. B   47. A   48. C

（二）填空题

1. 特制程序
2. 传播性　激发性　破坏性
3. U 盘（或移动磁盘）　网络
4. 互联网
5. 系统引导型　混合型
6. .COM　.EXE
7. 搜索法
8. 木马攻击
9. 完整性
10. 非法入侵者
11. 黑客
12. 邮件炸弹
13. 防火墙
14. 包过滤　应用电路级网关　代理服务器
15. 信息加密技术
16. 数字签名

参 考 文 献

[1] 陈志泊主编. 大学计算机基础. 北京：清华大学出版社,2011.

[2] 翟晓明,等. 计算机应用技术基础习题与实验指导. 北京：清华大学出版社,2007.

[3] 龚沛曾,杨志强主编. 大学计算机基础上机实验指导与测试(第五版). 北京：高等教育出版社,2009.

[4] 陈恭和. Access 数据库基础. 浙江：浙江大学出版社,2008.

[5] 郑小玲主编. Access 数据库实用教程. 北京 人民邮电出版社,2007.

[6] 陈博,孙宏彬,於岳. Linux 实用教程. 北京：人民邮电出版社,2008.

高等学校计算机基础教育教材精选

书　名	书　号
Access 数据库基础教程　赵乃真	ISBN 978-7-302-12950-9
AutoCAD 2002 实用教程　唐嘉平	ISBN 978-7-302-05562-4
AutoCAD 2006 实用教程(第 2 版)　唐嘉平	ISBN 978-7-302-13603-3
AutoCAD 2007 中文版机械制图实例教程　蒋晓	ISBN 978-7-302-14965-1
AutoCAD 计算机绘图教程　李苏红	ISBN 978-7-302-10247-2
C++ 及 Windows 可视化程序设计　刘振安	ISBN 978-7-302-06786-3
C++ 及 Windows 可视化程序设计题解与实验指导　刘振安	ISBN 978-7-302-09409-8
C++ 语言基础教程(第 2 版)　吕凤翥	ISBN 978-7-302-13015-4
C++ 语言基础教程题解与上机指导(第 2 版)　吕凤翥	ISBN 978-7-302-15200-2
C++ 语言简明教程　吕凤翥	ISBN 978-7-302-15553-9
CATIA 实用教程　李学志	ISBN 978-7-302-07891-3
C 程序设计教程(第 2 版)　崔武子	ISBN 978-7-302-14955-2
C 程序设计辅导与实训　崔武子	ISBN 978-7-302-07674-2
C 程序设计试题精选　崔武子	ISBN 978-7-302-10760-6
C 语言程序设计　牛志成	ISBN 978-7-302-16562-0
PowerBuilder 数据库应用系统开发教程　崔巍	ISBN 978-7-302-10501-5
Pro/ENGINEER 基础建模与运动仿真教程　孙进平	ISBN 978-7-302-16145-5
SAS 编程技术教程　朱世武	ISBN 978-7-302-15949-0
SQL Server 2000 实用教程　范立南	ISBN 978-7-302-07937-8
Visual Basic 6.0 程序设计实用教程(第 2 版)　罗朝盛	ISBN 978-7-302-16153-0
Visual Basic 程序设计实验指导　张玉生　刘春玉　钱卫国	ISBN 978-7-302-21915-3
Visual Basic 程序设计实验指导与习题　罗朝盛	ISBN 978-7-302-07796-1
Visual Basic 程序设计教程　刘天惠	ISBN 978-7-302-12435-1
Visual Basic 程序设计应用教程　王瑾德	ISBN 978-7-302-15602-4
Visual Basic 试题解析与实验指导　王瑾德	ISBN 978-7-302-15520-1
Visual Basic 数据库应用开发教程　徐安东	ISBN 978-7-302-13479-4
Visual C++ 6.0 实用教程(第 2 版)　杨永国	ISBN 978-7-302-15487-7
Visual FoxPro 程序设计　罗淑英	ISBN 978-7-302-13548-7
Visual FoxPro 数据库及面向对象程序设计基础　宋长龙	ISBN 978-7-302-15763-2
Visual LISP 程序设计(第 2 版)　李学志	ISBN 978-7-302-11924-1
Web 数据库技术　铁军	ISBN 978-7-302-08260-6
Web 技术应用基础(第 2 版)　樊月华 等	ISBN 978-7-302-18870-4
程序设计教程(Delphi)　姚普选	ISBN 978-7-302-08028-2
程序设计教程(Visual C++)　姚普选	ISBN 978-7-302-11134-4
大学计算机(应用基础·Windows 2000 环境)　卢湘鸿	ISBN 978-7-302-10187-1
大学计算机基础　高敬阳	ISBN 978-7-302-11566-3
大学计算机基础实验指导　高敬阳	ISBN 978-7-302-11545-8
大学计算机基础　秦光洁	ISBN 978-7-302-15730-4
大学计算机基础实验指导与习题集　秦光洁	ISBN 978-7-302-16072-4